小克大、
弱勝強，
打敗大你10倍對手的終極武器

蘭徹斯特策略

福永雅文——著　神崎真理子——繪
江裕真——譯

ランチェスター戦略

前言

很遺憾，商場上就是弱肉強食。

無論任何產業，都會出現大型企業漸漸走向寡占、弱小企業逐步遭到淘汰的情形。景氣愈差，弱小企業就更容易遭淘汰。當前，許多弱小企業正瀕臨前所未有的危機。

不過，若能採取不同做法，小也可能勝大，弱者也能逆轉勝。就算贏不了，也能在商場上維持不墜的態勢存續下去，這種做法稱為「策略」。本書目的就在於，讓各位從「了解」策略的層次，挺進到「能夠實行」策略的層次。

我是企管顧問福永雅文，由於認為以小勝大的「弱者逆轉勝」是我的使命，因此目前在推廣有日本競爭策略聖經之稱的「蘭徹斯特策略」。

無論是為了社會大眾而經營企業的經營者，或是充滿使命感的企業人士，都會因為公司規模太小，或是公司規模雖大卻缺乏策略，而陷入掙扎。我的使命，就是以策略支援這樣的企業。

我在一些企業內部研習活動中開設蘭徹斯特策略課程，藉由諮詢，提供企業特有的應用與實戰方法。此外，由於我相信商業如同作戰，因此用「實戰」取代「實踐」二字。

由於我的工作性質之故，許多煩惱的經營者或企業人士，都會來找我商量。本書五段故事都是根據真人實事改編，再轉換為充滿戲劇性的漫畫。

讀者可以在戰役1到戰役5的五篇漫畫中，透過個案研究的方式，學到如何在實戰中活用蘭徹斯特策略。由於是漫畫形式，內容淺顯易懂，同時又很貼近本質。

關於「何謂蘭徹斯特策略」，就留到正文中再介紹。在此我先直截了當說明，為什麼需要蘭徹斯特策略，以及其效用為何。

管理大師彼得・杜拉克（Peter F. Drucker）曾這麼問：「交響樂團的指揮，為何能夠只靠一根指揮棒，就把為數眾多的演奏人員完美整合在一起？」對這個問題，他這麼解釋：「那是因為有樂譜的存在。」演奏人員根據樂譜演奏，跟著指揮棒融合為一體。無論再怎麼出色的指揮家或演奏者，如果少了樂譜，就無法完美演奏。樂譜是音樂的共通語言。

蘭徹斯特策略，就是商業中的共通語言。缺少策略這種共通語言，無論經營或業務活動，都會像沒有樂譜的交響樂團一樣。本書就是商業中的樂譜，是一本具體教你如何讀樂譜、如何演奏的指南。

本書把局部戰、單點集中主義、差異化、近身戰、第一強主義等重要概念，訂為五篇故事的標題。

漫畫的舞台，是悄然佇立於都會高樓大廈間的酒吧「蘭徹斯特」。由於連招牌都沒有，很難找到。搞不好，它是間需要它的人才看得見的店。一走進店裡，裡頭有個古典的吧台，以及圓熟老練的店長，和不知為何穿著女僕裝的可愛女孩。

這樣不起眼的店，卻連名號響叮噹的企業人士都慕名而來。沒錯，這是一家「有煩惱的商業人士會前來朝拜的寺廟」。

今晚也一樣，又有疲於作戰的商業戰士，不知道在哪裡聽到傳聞，帶著死馬當活馬醫的心情前來。通關密語則是「我要蘭徹斯特」。

簡單介紹過登場人物後，咱們就趕快進入正題吧。

登場人物介紹

◎蘭徹斯特酒吧的成員

星野蘭

在蘭徹斯特酒吧幫忙的女學生，溫柔又愛管閒事。明明長得很可愛，嘴巴卻很壞，很容易就和人吵起架來。不過，事實上，她只要看到遇上麻煩的人，或是商業中的弱者，就會挺身而出。雖然是酒吧的女僕，卻也是蘭徹斯特策略的推廣者。

店長

蘭徹斯特酒吧的店長。七十歲，癒療系長者，是毒舌的小蘭與客人間的調停者。他似乎不光是酒吧店長而已，或許那只是他隱身於這個世界用的假身分……。

黑貓

出沒於蘭徹斯特酒吧所在的巷弄裡，似乎擁有察覺商業弱者的能力。店長與小蘭都叫牠「切斯」。

◎前來求助的人士

戰役1「局部戰」

佐藤和正　45歲

在市郊經營一家住宅改建公司，是有十名員工的小企業社長。由於營收低迷而前往市場較大的高級住宅區設立分店，結果完全行不通，陷於經營不振的狀況。

戰役2「單點集中主義」
鈴木純一郎　36歲

經營人力派遣公司等多家企業，是個全集團約有七十名員工的中小型企業社長。集團多角化經營後營收雖然增加，利潤卻沒有提升，陷入經營危機。

戰役3「差異化」
大和幸彥　35歲

中型罐頭製造廠的第二代社長，社內約有兩百名員工，公司創辦人暨第一代社長是他父親。父親去世後，他接下罐頭製造廠，但競爭激烈、被大型企業一路壓著打，陷入苦戰。

戰役4「近身戰」
戰役3出場過的大和幸彥，再加上同公司的業務部部長林慎一　43歲

在小蘭建議下，大和幸彥的罐頭廠生產差異化產品，並找來曾在大型製造商工作的資深業務員林慎一，但業績仍然沒有起色。

戰役5「第一強主義」
門倉芳雄　40歲

員工約五千人的大型醫藥品批發公司營業所所長。在所轄區域內市占率第一，但主管卻要他再提高市占率，而感到力不從心。

極道商學院

打敗大你10倍對手的終極武器

小克大、弱勝強的蘭徹斯特策略

目次

戰役 1

局部戰

你是不是以為市場夠大就能賺到錢？

啊～
怎麼什麼事都
不順利啊～
一號月台列車
即將進站，
請退到黃線
後方，以免
發生危險。
就這樣跳下去
的話，就可以
什麼也不必想
了吧……
人壽保險的理
賠金，也足以
還清債務……
這麼一來，
淳子與聰史
也可以……
轟
快速
東京

搖晃
一閃
東京
叭——
抓住
嗤
轟——
重跌

工業大学
ABC
學校
呼
呼
笑瞇瞇
哈哈哈……
啊，謝、謝謝……
謝你個頭啦！
你知不知道，跳軌自殺會對這個社會造成多大的經濟損失?!
欸……？
不知道……
首先，由於車廂毀壞，鐵路公司必須幫乘客安排替代交通工具，而且因為時間延遲，也必須讓搭乘快車的乘客退費……損失總金額甚至可能高達數億圓啊！

乘客也一樣
電車不通，可能會害他們錯失談成大生意的機會！
你死了，不但無法讓任何人變得幸福，你的死也不是任何人希望的！
哦、哦……
名片！
啊？
我說給我名片!!
啊，是……
嗯，你是社長啊……
有你這種社長，員工可累啦～
真是沒禮貌……
生氣
只要知道那套法則，任何弱者都可能逆轉勝，
真是太遺憾啦——
那套法則…？
弱者逆轉勝？
那什麼啊……

彈—
既然你沒死成，可以去那個地方看看，通關密語是「我要蘭徹斯特」。
BAR LANCHESTER
酒吧……「蘭徹斯特」？
住宅領航
佐藤改建
我叫佐藤和正，目前在距東京市中心約一小時電車車程的郊外住宅區K市，經營一家住宅改建公司「佐藤改建」。
創業至今十年，員工數十人。
這樣啊……那麼，如果有什麼需求，請和我們聯絡。
公司規模雖小，但一直以來大家都是很踏實地在工作。
可是……
社長～又被搶走了！對手是三友重建公司……
本來以為絕對沒問題，但……
上半會計年度
積和住宅似乎來開分店了……
大型業者的分店或加盟店，一家一家進駐K市，我們的營收急遽減少。

情勢演變成這樣，我們試圖鎖定更大規模的市場，因此到世田谷的高級住宅區設立了分店……
卻輸得一敗塗地，
……
靜
只是增加開支而已，店開著卻沒客人。
融資諮詢
資金周轉狀況也急速惡化……
每天我都問自己該怎麼辦才好，結果不自覺產生了心魔……
轟
唉～
佐藤
我回來了～
爸爸，你回來了——
今天我踢足球有踢進去哦！
怎麼啦，今天比較晚呢。
呃……
和客人之間……
有點事。

隔天
烏龍
什麼嘛，這張地圖。
烏龍麵
我都已經找一個多小時了，根本遍尋不著這家店嘛！
那種女生講的話，我竟然會當真，
真是太傻了……
只要知道那套法則，弱者或許就能逆轉勝……
可以到這裡看看，通關密語是「我要蘭徹斯特」。
揉～
喵
可惡！
叼～
快跑
喂，這傢伙，等等!!

!?
BAR LANCHESTER
喀嚓
就是這裡嗎……?!
BAR LANCHESTER

蘭老師，謝謝您。
！
我先走了
啊，你、你好
那個男的……
好像在哪裡看過……
啊，他應該是……
頂尖企業家
「接著應該要進軍媒體」
森元清隆表示，通訊業之後是媒體業
從資訊新創企業發跡、現在稱霸通訊業的頂尖企業家森元清隆。
他願意稱呼為老師的人物就在這裡……？

沒客人……？
歡迎光臨！
該不會是他吧……老師？
你、你好……
要點什麼呢？
那個～你的建議是？
如您所見，我們這裡差不多什麼酒都有……
那，那麼……
吞口水

我要蘭徹斯特。
仔細擦
它的濃度很高，你有心理準備了嗎？
有、有!!
一份蘭徹斯特！
來了……
才剛結束和森元的洽談沒多久，又來啦——
啊，是你呀，沒死成的那個大叔。
?

你很慢才來耶！
啊
有你這種社長，
員工可累啦～
你好像有什麼煩惱，要不要找蘭老師商量看看？
笑話！
老師？
她嗎？
我是蘭徹斯特的推廣師星野蘭，有意見嗎？

辛苦你了，切斯。
來，這是賞你的起司
喵～
哎呀，下雨啦……
滴
滴
——就是這樣的狀況……
原來如此，那可真是辛苦呀。
濕潤
眼睛
好可憐哦～
是呀。
潑
做、做、做什麼?!
我是要讓你清醒一下！

你根本搞不清楚狀況！
什麼狀況啊？
就是「你是弱者」這件事!!
弱者……沒錯，我們確實是家小企業，但也不必這麼瞧不起我們吧……
甩～甩～
我的意思不是說你們公司小，所以才是弱者，
即使是代表日本的大企業，很多時候都會變成弱者喔。
只要在所屬的產業、地區裡市占率不是最高，都定義為弱者。
地區第1名
業界第1名
弱者
咦……所以日產和本田也都是弱者了？
沒錯
欸，你聽到啦？

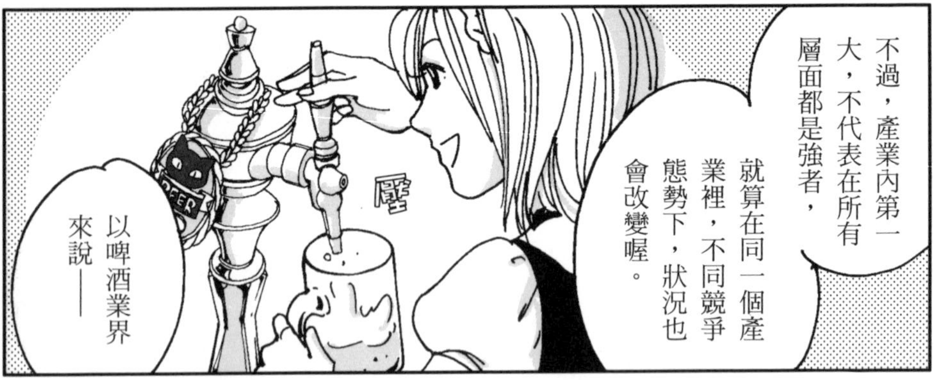
不過，產業內第一大，不代表在所有層面都是強者，
就算在同一個產業裡，不同競爭態勢下，狀況也會改變喔。
壓
以啤酒業界來說——

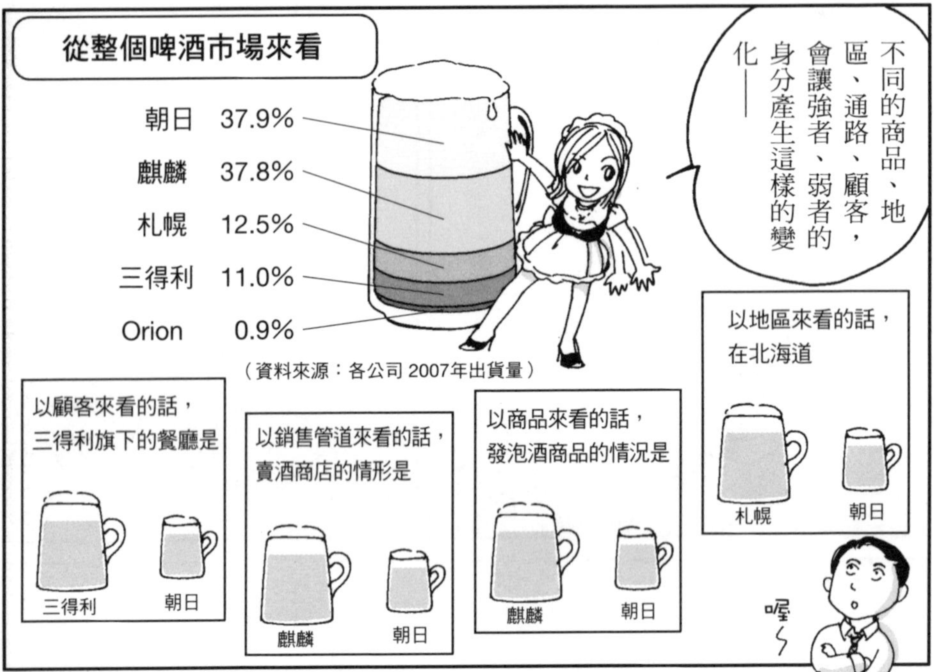
不同的商品、地區、通路、顧客，會讓強者、弱者的身分產生這樣的變化——
從整個啤酒市場來看
朝日 37.9%
麒麟 37.8%
札幌 12.5%
三得利 11.0%
Orion 0.9%
（資料來源：各公司 2007年出貨量）
以地區來看的話，在北海道
札幌
朝日
以商品來看的話，發泡酒商品的情況是
麒麟
朝日
以銷售管道來看的話，賣酒商店的情形是
麒麟
朝日
以顧客來看的話，三得利旗下的餐廳是
三得利
朝日
喔～

商業戰原本就有利於強者，
吼—
也就是弱肉強食呀！

你們公司身為弱者，竟然到大公司林立的高級住宅區開分店，真是蠢斃了！
低嗚
低嗚
低嗚
學園台
佐藤改建
這樣呀……
那麼，我們公司身為弱者，該怎麼辦才好?!
那不就永遠贏不了嗎？
要在選定的地盤上拼命去做。
？
咻～咻～
只要在選定的地盤上拼命去做，就能成為強者，
這正是弱者對強者的致勝之道啊。
我還以為你會講什麼呢，原來是這個……
我早就已經拼命在做啦……

不是拼命而已，是在選定的地盤上拼命!!
你活到這個歲數，連這種事也不懂嗎？
欸？
你不是說「拼命」嗎？
好了好了，小蘭，
他是第一次來的客人，你就親切一點……
啊，店長！
呵
可是～
他根本搞不懂狀況嘛！
「拼命」（漢字「一生懸命」）是「在選定的地盤上拼命」（漢字「一所懸命」，二者音近似）的誤用。曾幾何時，連日本字典都寫成「一生懸命」了……
所謂「一所懸命」
原本是鎌倉時期武士的信條，要賭上性命守護自己的領地到最後
……是這樣的意思。
哦～原來如此呀～
拼命維護自己的領地……

1 公元一五六〇年，織田信長在領地內的桶狹間（現愛知縣豐明市榮町）布陣，以寡擊眾奇襲打敗今川義元，是他統一天下的第一步。

東海勢力最大的諸侯今川義元，率領二萬兵力朝織田信長的領地尾張而來——
相較之下，織田信長的兵力只有區區三千。
今川軍二萬人
織田軍三千人
如果正面衝突，一點勝算也沒有。
哦哦～
那你會怎麼做？
佐藤先生？

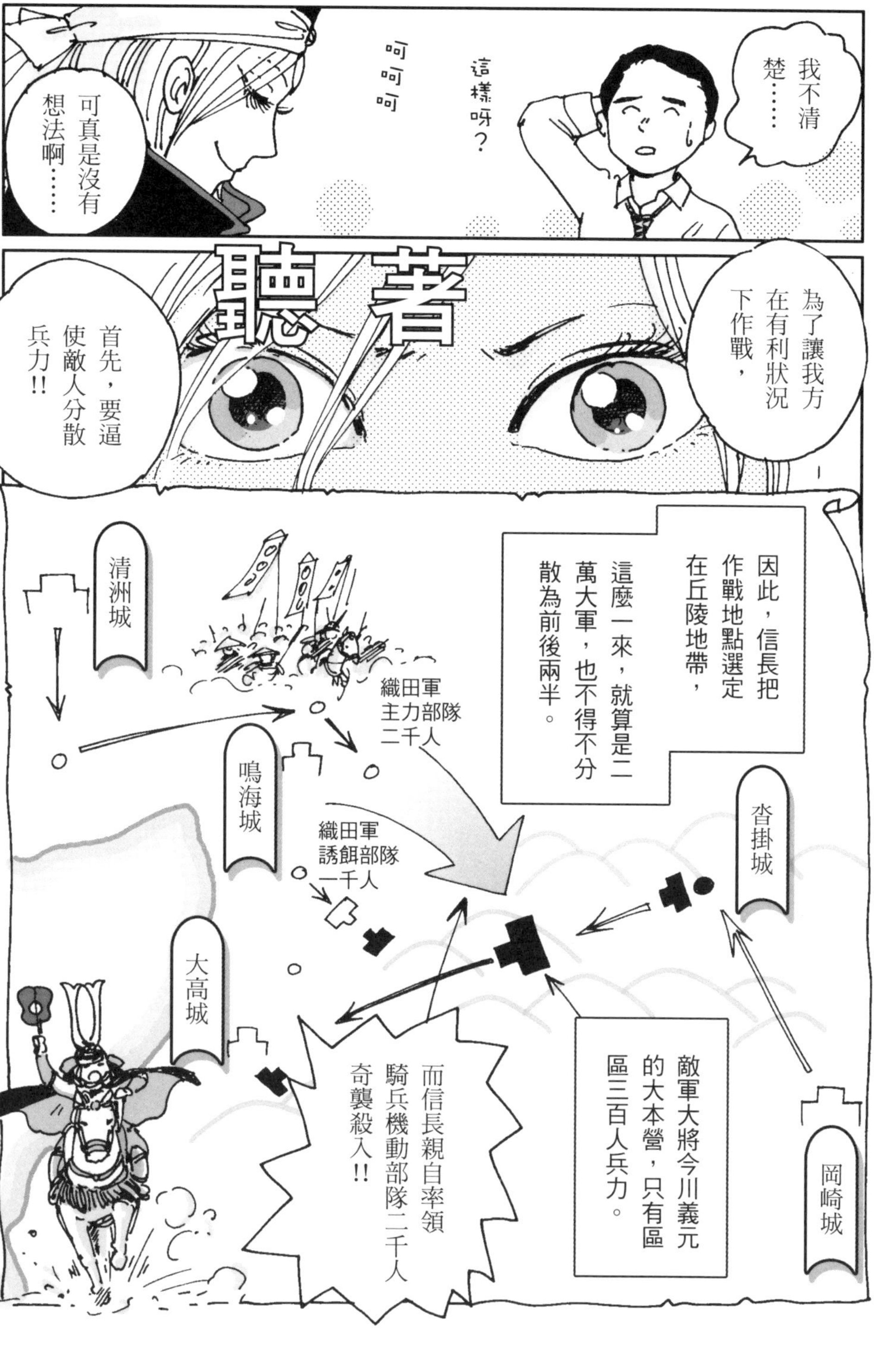
我不清楚……
這樣呀？
呵呵呵
可真是沒有想法啊……
為了讓我方在有利狀況下作戰，
聽著
首先，要逼使敵人分散兵力!!
因此，信長把作戰地點選定在丘陵地帶，
這麼一來，就算是二萬大軍，也不得不分散為前後兩半。
清洲城
織田軍主力部隊二千人
鳴海城
沓掛城
織田軍誘餌部隊一千人
大高城
敵軍大將今川義元的大本營，只有區區三百人兵力。
而信長親自率領騎兵機動部隊二千人奇襲殺入!!
岡崎城

而且，目標是取義元的項上人頭！
除此之外的任何戰功都不算數，就是這麼堅決！
就這樣，弱者擊敗強者，也改變了當時的歷史。
也就是說，信長面對三千人對二萬人這種比例懸殊的不利狀況，
透過打局部戰的方式，將之轉換為二千人對三百人這種絕對有利於己的情勢。
今川軍
2萬
織田軍
3000
誘餌部隊
1000
今川大本營
兵力分散
300
2000
織田軍
原來如此……
那麼，我們公司只要改打局部戰，就可能贏過大企業，沒錯吧？
你說對了!!
嗶
滑～開
首先要決定集中作戰的戰場，這最重要！

這是你們公司所在的K市地圖，
可是，K市的不同地區都有它的特徵，對吧？
沒錯，南部是新興住宅區，大廈等建築林立，
北部是年代久遠的住宅區。
如果在K市各地都投注相同力量，弱者將無法生存！
首先，要決定列為最重點的業務區域！
最重點
我問你，你會以什麼標準挑選？
我會選北部吧
北本町
畢竟那裡有需求，今後也預計還會再成長。
哦……
不，如果客人你是強者，選K市北部就沒問題，
不過，競爭對手當然也會預期到該地的成長，會全面鎖定預期會成長的市場！
哎呀……
所以你才會一直都現在都還是弱者呀……
真是的
好了好了
那裡不行嗎？

弱者挑選最重點區域的條件只有一個！
在易勝之處
勝之!!
在易勝之處……
勝之……
總之，要挑選比其他公司有利的地點。可能是你們公司原本就較強的區域，或是靠近公司的區域等。
公司在這裡
既有顧客多
交通不便處
或者，如果要進軍新區域，也可以鎖定強者沒注意到的偏僻處……

選好最重點區域後，就是連番猛攻！
上啊！
然後要以成為第一強為目標！
只要在該區取得壓倒性的第一名，狀況就會大不同！
佐藤改建
哇！
然後……
然後該怎麼做……?!
等你達成目標後，我再
告
訴
你
你一定要再來哦！
謝、謝謝你，蘭老師!!
啪
我心底湧起一股幹勁了！
我要趕快回公司去擬定策略地圖!!
加油啊!!

後來，我採信了在蘭徹斯特酒吧學到的方法，在選定的地盤上拼命經營。
佐藤改建
這個地區道路狹窄，沒地方停車，
因此我們公司至今沒開拓過那裡，競爭者也沒去過。
那麼，騎自行車去呢？
順利的話，搞不好我們可以獨占經營！
布料樣品
地板樣品
在易勝之處勝之!!
強者沒注意的地方……
沒有競爭者……
自行車……
嗯，這是個好主意！
那麼，就把那裡訂為最重點區域吧！
我已經見識過谷底了，沒什麼好怕的！
佐藤改
您好，我們是佐藤改建的人，這是設置無障礙空間的介紹手冊
無障礙空間
想改建的話
或許是我展現了決心吧，員工也都拼了命工作。

結果——
我們在最重點區域接到單了!!
謝謝您，我們馬上拿樣品過去！
我們在最重點區域贏過三友改建與積和住宅了!!
半年後——
BA
LANCH
你好，好久不見了。
哎呀，你來啦，佐藤先生。
好久不見了，店長。

你看起來開朗多了呢！
我們總算開創出位居第一名的地區了。
那可真是恭喜了，
這杯是招待你的獎品。
咚
謝謝了！
咕嚕
呼～
好喝!!
可不要就這樣沉醉於那種程度的勝利美酒之中啊！
啊，蘭老師！
不過只是第一名而已，還差得遠，還差得遠！

你聽好！
要持續進攻，直到成為第一強為止！
所謂第一強，就是「壓倒性領先其他業者的第一名」！
是、是……
等到成為第一強之後，再進攻下一個重點區域!!
我知道了。以目前的氣勢來看，我認為有可能！
你好像變得很有自信呢。
微笑
託您的福……
原本像個敗家犬的我，以及公司員工，都培養出自信！
真是太好了！

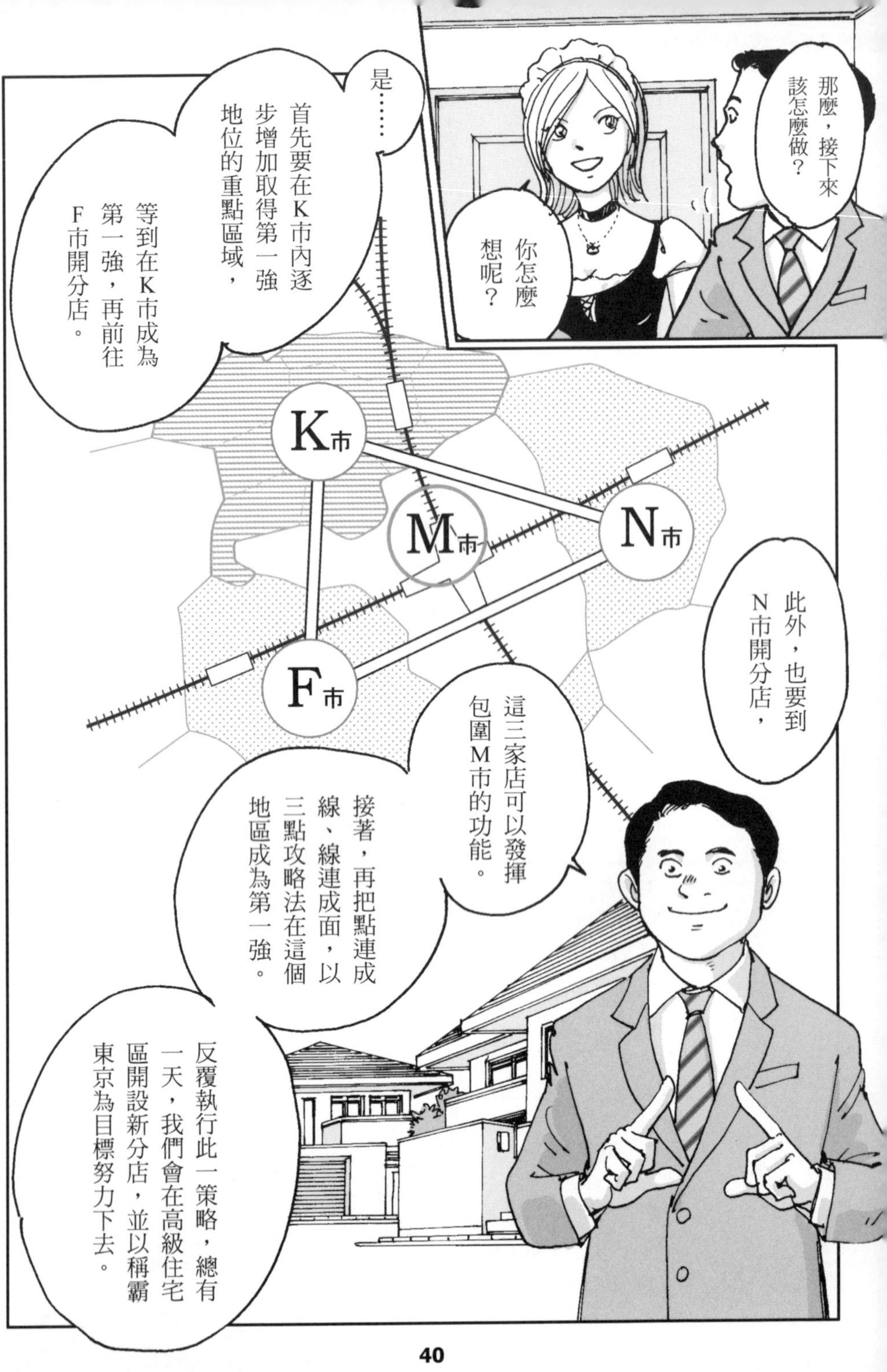

那麼，接下來該怎麼做？
你怎麼想呢？
是……
首先要在K市內逐步增加取得第一強地位的重點區域，
等到在K市成為第一強，再前往F市開分店。
K市
M市
N市
F市
此外，也要到N市開分店，
這三家店可以發揮包圍M市的功能。
接著，再把點連成線、線連成面，以三點攻略法在這個地區成為第一強。
反覆執行此一策略，總有一天，我們會在高級住宅區開設新分店，並以稱霸東京為目標努力下去。

你慢慢搞懂狀況了嘛，
佐藤兄！我看你沒問題了！
謝謝您。
閃耀～
啊……
好像又有人像你一樣需要幫助了。
那，下次見！
啊……好。
幫助？所以那時候她救我，並非偶然嗎……
店長，
蘭老師年紀輕輕，為何這麼熟悉蘭徹斯特策略？
這個，你說呢？

戰役1解說

蘭徹斯特策略的結論與區域策略

1 第一強主義

所謂的蘭徹斯特策略，是一種「在企業間的完全競爭中用以致勝的理論，及其實戰體系」。詳細內容會在第二章最後說明，在此先講結論。

蘭徹斯特策略的結論，就是要成為第一強。不單單是第一名而已，而且要壓倒性領先第二名，這在蘭徹斯特策略中稱為第一強。

和第二名的差距要拉開到什麼地步，才算第一強？在蘭徹斯特策略中，如果是同一個顧客身上單一品項的「錢包占有率」，要有第二名的3倍以上，除此之外的多數狀況下，則要有第二名的$\sqrt{3}$倍（約1．7倍），才算是第一強。

為何不只是成為第一名，還要成為第一強？因為就算是第一名，如果和第二名只有些微差距，第二名一定會想要挑戰、成為第一名，致使競爭趨於白熱化。這種狀況很容易淪為價格戰、服務戰等消耗戰。由於差距不夠大，第二名就算任何時候追過第一名，也不讓人意外。此時第一名的地位既不穩定，獲利性也不夠好。

但如果第一名與第二名之間有相當大的差距，狀況就截然不同。第二名自己會盤算，如果再和第一名纏鬥下去，己方實力較差，會先完蛋。於是，第二名會

何謂第一強

所謂的第一強就是第一名，而且

- 適用第一法則時，實力是第二名的3倍
- 適用第二法則時，實力是第二名的 $\sqrt{3}$ 倍

弱者如何成為第一強 →

地區 ｜ 客層・顧客 ｜ 商品・服務

← 強者如何成為第一強

第一強的好處

❶ 規模經濟的優勢

❷ 價格主導權

❸ 品牌效果（成為代名詞；一講到〇〇就想到□□）

❹ 可以一直發展下去（由於資訊、人力與資金都會到位，接下來要採取的策略也變得更確切）

❺ 實現企業理想

想避開全面戰爭，選擇與第一名各據一方，如此將可避免激烈的消耗戰、以實力好壞決勝負的全面戰爭。因此，第一強的地位可以很穩固，獲利性也會變佳。

如果成為第一強，就能在獲利性、穩定性與成長性三方面遠高於競爭者。

因此，要設定競爭目標的話，就要力求成為「壓倒性勝過第二名的第一強」。

已經是第一名的公司，只要專心致志於打擊第二名，擴大彼此差距，成為第一強就行了。那麼，第二名以下的公司又該怎麼辦？小企業該怎麼做才好？

第二名以下的公司或小企業，要想成為第一強，應該採取以下方式：

(1) 市場細分化
(2) 決定重點市場，集中火力
(3) 製造差異
(4) 以弱者的打法作戰，像是打近身戰或是聲東擊西的打法
(5) 市場再小，只要成為第一名，就改用強者策略
(6) 打擊第二名，先創造出一個自己絕對領先（第一強）的項目
(7) 創造下一個能成為第一強的項目，反覆各個擊破，力求成為整體第一強

不要將全部精力投注於提升綜合排名，而是將整體細分，在一個小部分先贏過對手，直到取得壓倒性勝利為止。如此一來，就算範圍很小，但由於已經是該範圍的第一強，獲利性、穩定性與成長性都會提高，就有餘力創造下一個第一強。

以上就是蘭徹斯特策略的結論：第一強主義。那麼，應該如何踏出第一步？在區隔事業範疇與選定重點時，要針對「商品」、「地區」、「通路（銷售管

道）」、「顧客（客層）」等四個層面決定。

所謂的重點，就是要力求成為第一強的主題所在。在什麼地方可以成為第一強呢？如果是根基於地區的事業，一般都會以「地區」做為切入角度。先決定重點地區，集中火力攻擊，一個一個建立起灘頭堡，有自己的地盤（第一強區域），就算再小也沒關係。

第一章「局部戰」，就是弱者用於創造第一強的區域策略。以下就來解說它的實戰體系。

2 蘭徹斯特策略的區域策略

將地區細分化之後，決定重點區域，集中力量創造第一強區域，然後反覆各個擊破，以成為整體第一強為目標，這就是蘭徹斯特策略的區域策略之基本方針。

第一章提到的案例雖然是住宅改建業，但也可以直接應用於零售業與服務業。如果是製造業或批發業，前面四個步驟也完全相同，後面再加上第五章最後會解說的步驟五至步驟七（參考一七一頁）。

步驟一：商圈分析（①掌握銷售資訊；②分析地區資訊）

步驟二：製作策略地圖（將步驟一得到的結果運用於地圖上，據以掌握地理狀況）

步驟三：將地區細分化之後，決定重點區域（弱者設定的標準是「於易勝之處勝之」）

步驟四：地毯式查訪（重點區域的市場總檢視）

兵力較少的織田信長，之所以能在桶狹間之戰中擊敗兵力較多的今川義元，原因在於他採行局部戰，分散敵軍，集中我軍兵力，在決勝點安排了遠高於敵軍兵力的部署。

為什麼織田信長能做到這件事？據說，他利用狩鷹或遊河的機會，早就摸熟桶狹間一帶的地形，對於當地狀況了然於胸。這正是**熟悉戰場者勝之**的道理。

你對自己公司的經營區域或商圈資訊，是否已經掌握詳細情勢，不輸其他競爭者？在商場中，經營區域與商圈，就如同相撲力士作戰的土俵，也就是小蘭所說的戰場。對戰場不熟悉，就無法作戰。區域策略的第一步，就是要調查經營區域、商圈……等，熟悉你事業所在的地理區域。

以下，依序解說步驟一至步驟四。

步驟一　商圈分析

①掌握銷售資訊

・**顧客**……包括沒有往來的對象在內，地區內有多少潛在顧客，以及多少總需求。以客層別來區分顧客，以商品別來區分需求，並分析其增減趨勢。

・**自家公司**……以客層別與商品別來區分營收構成比例，同樣分析增減趨勢。

・**競爭者**……調查各競爭者的經營區域、據點、營收、業務員人數、訪問頻率等事項。

②分析地區資訊

・**人口、家庭**……若為住宅業，就依居住型態細分家庭。若是以兒童為對象的事業，就依兒童人數或所占比例加以區分。就像這樣細分自己公司需要的人口與家庭資訊，並分析增減趨勢。

・**市場性**……分析市場規模、成長性、市場結構、市場體質等。

所謂的市場結構，就是從「點」、「線」、「面」三個層面，區分一個地區與其他地區間的關聯性。

「點」的市場，是指打局部戰的狹小市場，像是島嶼、盆地、偏遠的港邊小鎮等獨立性強、在強者眼中容易成為死角的區域。就算是都會區，也存在著這種盲點般的市場，像是縣、市、區的交界處，都會中因為河川、幹道而與市區分隔的孤立區域，或是距競爭者據點較遠的區域、火車只有慢車才停靠的區域，以及道路狀況不好的區域等等。

第一章的佐藤改建公司，鎖定的就是原本各公司因為不好停車而沒有前往開發的區域，這就是弱者要鎖定的機會。

「線」的市場，是指主要幹道沿線、鐵路沿線這種呈線狀延伸的區域。這是弱者逐步成長為強者時，應該攻占的市場。也就是要沿著人或物的移動方向進攻。

「面」的市場是指平原地區、大都會圈這種打效率戰的廣大市場。面的市場由於市場規模大、成長性也高，企業會覺得很有吸引力，但愈是有吸引力，競爭也愈激烈。若想進駐，必須掌握供需的均衡狀態，如果供給過多，就應該把當地視為沒什麼弱者能夠見縫插針的市場，就像佐藤改建要進軍而陷入苦戰的世田谷區。

強者會鎖定面的市場，相對的，在大市場中，只要無法攻占「面」，就無法成為強者。

所謂的市場體質，是從「內向」與「外向」兩個層面區分區域居民的特性。

內向的市場體質是指，區域居民有重視人際關係與排他的特性。以日本來說，就像是原本為城下町[1]、門前町[2]、郡部[3]的地區與農村等，京都以及名古屋是其典型。這種市場由於較為排他，很難進入。不過，一旦成功進入，市占率就會穩定而集中，適合弱者耕耘。

外向的市場體質是指，區域居民具有較開放，以及出入份子多的那種殖民地型的特性。像是宿場

1 日本戰國至江戶時期，以諸侯所在的城為中心，在外圍發展起來的市鎮。
2 中世紀之後，在知名神社、寺廟前形成的市區。
3 隸屬於日本舊行政制度中的地方單位「郡」的區域，通常為較小的市鎮。

町[4]、港都、工業區、新興住宅區等等。東京與札幌是其典型。

由於這類市場的居民會做理性判斷，很容易進入，因此，會不斷出現進入市場的競爭者，市場狀況較不穩定，市占率容易變動與分散。一般來說，由於市場規模較大，強者很重視，不適於弱者攻占。

在擬定區域策略時，也可以利用「縣市民特性」或「當地美食」。尤其是在進入內向體質的區域時，如果沒有身心都融入該區域，不但無法受到當地居民接納，也打不贏地頭蛇（當地企業）。關心與尊敬當地、辛勤耕耘，培育關係與情感很重要。

不過，操作縣市民特性時要注意的是，就算屬於同一個縣市，各地區的結構與體質也可能截然不同，有些地區之間可能還留有歷史性的對立情感，籠統以同一縣市概括很危險。

步驟二　製作策略地圖

掌握當地銷售資訊、地區資訊後，要運用到地圖上，製作策略地圖。沒有地圖就無法作戰，但讓人驚訝的是，竟然有企業沒有準備地圖。如果缺少「在某地作戰」的強烈意識，將無法取勝。因此，要準備一張涵蓋公司商圈的地圖，把自己與競爭者的據點標記上去。接著，把公司的顧客標記上去。可根據顧客規模、影響力高低、交易年度等等，分別使用不同顏色與大小標示。

製作地圖的原因在於，很多事情要以地圖的型態呈現時，才能看出來。

公司的經營區域符合原本的希望嗎？形式上與實質上的經營區域有沒有差距？經營區域是否太大，超過公司能力範圍？業務員人數較少的弱者，如果想經營與強者相同大小的區域，每個人平均要經營的範圍就會很大。在訪問頻率、速度、成本等所有層面上，都會居於劣勢。弱者應該把經營範圍設定得小一點，然後決定重點，把力量集中於狹小範圍。

顧客的分布狀況又如何？公司有自己的地盤嗎？東一塊西一塊的原因是什麼？商圈有沒有因為河川、鐵路、幹道而四分五裂？如果是的話，那麼促銷時，像在車站周邊發傳單的行為，就沒有意義了。

各業務員訪問潛在顧客的顧客分布狀況如何？訪問是否有效率？是否出現每天同一地區有多個業務員造訪的無效率行為？

這些資訊，光看地址看不出來。畫成地圖、視覺化後，可以一覽無遺，平常沒注意到的事就會漸漸浮現。

製作策略地圖，是可以得知公司重要經營區域的工作，應該會做得很開心才對，公司所有同仁不妨一邊說笑一邊做，將可誕生出像本章故事中提到的那種好點子。

現在，地理資訊系統GIS（Geographic Information System）也能夠做到這樣的事。過去GIS的費用對小企業來說太高，所以我一向都建議以手繪方式製作策略地圖；不過，近來由於系統費用降低到企業可負擔的水準，就變成可以外包或是由公司自己導入。

步驟三　將地區細分化之後，決定重點區域

製作出能夠掌握商圈地理狀況的策略地圖後，就要細分區域，並標定重點區域。在細分區域時，可以區分為五個左右。不要拘泥於行政上的劃分，要在重視市場結構與市場體質下，從地理、歷史的角度劃分。

將地區細分為五個左右的區域後，推算各區域的市

4 江戶時期以驛站為中心發展出來的市鎮。

弱者選定重點區域的方式

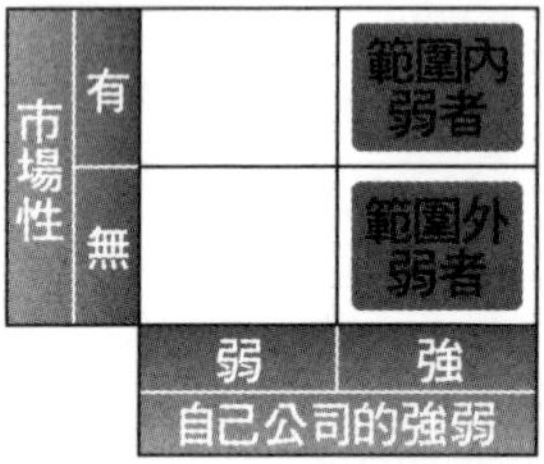
市場性
有
無
範圍內弱者
範圍外弱者
弱
強
自己公司的強弱

弱者要從自己公司較強的區域中挑選。與第一名的差距在√3倍以上的「範圍外弱者」，要選定強者的死角與盲點。相對的，第一名是自己√3倍不到的「範圍內弱者」，選定區域時也必須注意市場性。不過，選定的重點區域，務必與排名比自己高的競爭者有所差異。

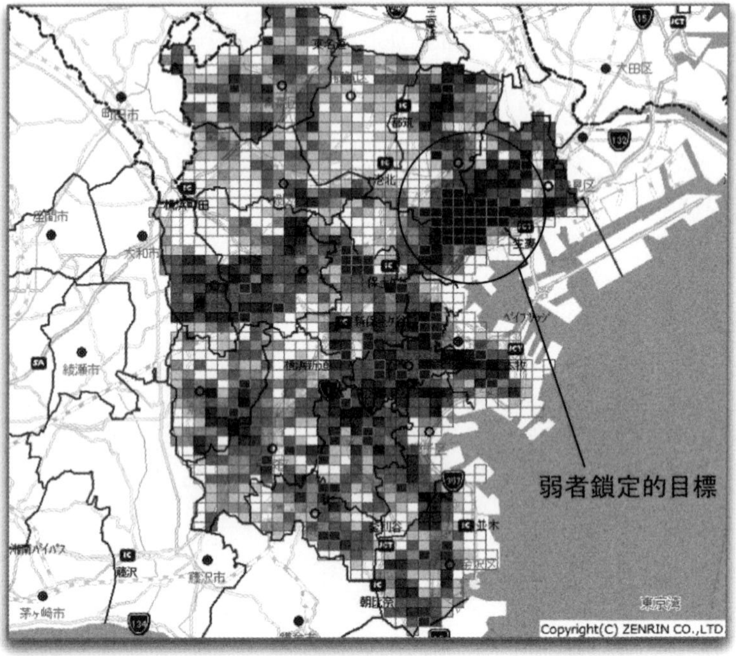
弱者鎖定的目標
大田区
町田市
座間市
大和市
綾瀬市
藤沢市
茅ヶ崎市
東京湾
Copyright(C) ZENRIN CO.,LTD

獨棟房屋數

926.00～1213.00	[30]	1%
639.00～926.00	[204]	13%
352.01～639.00	[473]	30%
234.67～352.01	[251]	16%
117.34～234.67	[264]	16%
0.00～117.34	[342]	21%

自有房屋數

1780.47～2404.00	[4]	0%
1156.93～1780.47	[65]	4%
533.40～1156.93	[682]	43%
355.60～533.40	[265]	16%
177.80～355.60	[247]	15%
0.00～177.80	[301]	19%

顧客數

20～35	[4]	0%
15～20	[4]	0%
10～15	[12]	0%
5～10	[82]	5%
0～5	[567]	36%
～0	[895]	57%

※住宅改建公司的實例

「獨棟房屋數×自有房屋所占比例」就是市場性所在，其中公司在哪個地區的顧客比例愈高，就是公司具有優勢之處。

強者選定重點區域的方式

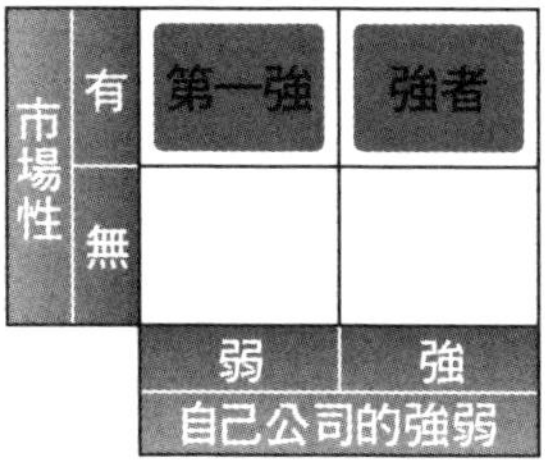
市場性
有
無
第一強
強者
弱
強
自己公司的強弱

強者要選定有市場性的區域。就算已經是第一名，也要將和第二名的差距拉開到√3倍以上的區域經營得更強。若已經是第二名的√3倍以上，就加強較弱區域。

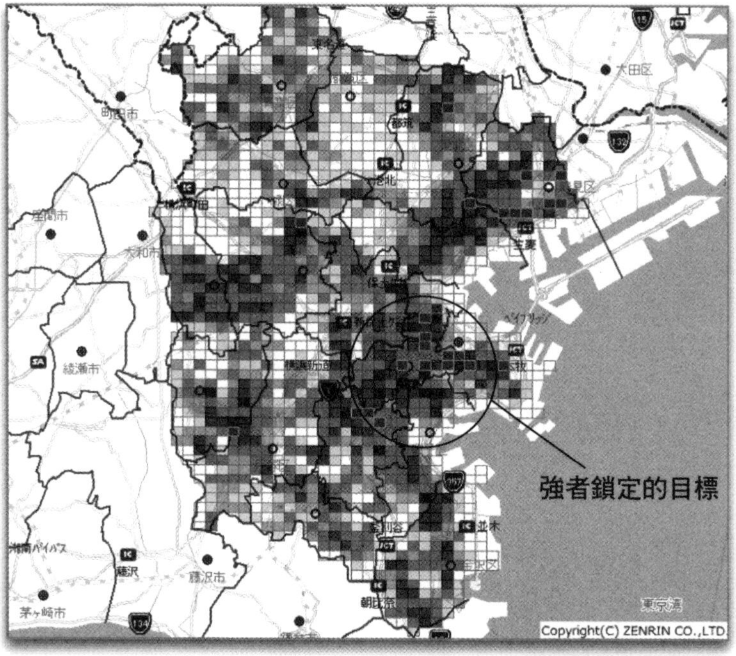
強者鎖定的目標
町田市
大田区
綾瀬市
藤沢市
茅ヶ崎市
東京湾
Copyright(C) ZENRIN CO.,LTD

獨棟房屋數

■	926.00～1213.00	[30]	1%
■	639.00～ 926.00	[204]	13%
■	352.01～ 639.00	[473]	30%
■	234.67～ 352.01	[251]	16%
■	117.34～ 234.67	[264]	16%
□	0.00～ 117.34	[342]	21%

自有房屋數

■	1780.47～2404.00	[4]	0%
■	1156.93～1780.47	[65]	4%
■	533.40～1156.93	[682]	43%
■	355.60～ 533.40	[265]	16%
■	177.80～ 355.60	[247]	15%
□	0.00～ 177.80	[301]	19%

顧客數

■	20～35	[4]	0%
■	15～20	[4]	0%
■	10～15	[12]	0%
■	5～10	[82]	5%
■	0～ 5	[567]	36%
□	～ 0	[895]	57%

※使用GIS軟體「TakumiMap®v3」所做的分析

http://www.takumimap.com

場規模。在這個階段，各區域的規模多半有很大的差距，因為有些區域是需求集中的大市場，有些是需求分散的小市場。

細分區域，是為了決定重點區域。而面對需求大和需求小的區域時，公司很容易就會選擇需求大的區域。若為強者，這麼做無妨，但弱者若以規模做選擇，就會變成和強者搶同樣的重點區域而毫無勝算。為避免這種狀況，必須將市場規模平均化。要分割大市場、合併小市場，使市場規模較為均等。這樣在選定重點區域時，就不會受到規模所左右。

像這樣將地區加以細分後，總算要挑選重點區域了。公司如果是相對的弱者，判斷標準就是「**在易勝之處勝之**」。也就是說，要選擇自己公司較強的區域，與排名較高的企業差距較少、逆轉機會大的區域，或是與排名較低的企業差距大，易於擊敗他們的區域。

如果在任何區域都弱，要進軍新區域時，就選擇強者的視線死角或盲點。

相對的，強者要按照市場規模、成長性、代表性（最大的都市、有政府機關、過去就是繁榮市鎮等條件較好的地方）做出選擇。如果已經在整個區域成為第一強，在市場規模、成長性以及代表性方面，應該都攻占得差不多了。此時，就要以「加強較弱的區域、取得全面勝利」為判斷標準。

步驟四　地毯式查訪

設定重點區域後，就展開攻擊。既已決定為重點，就一定要贏得勝利。所以，對於該區域一定要比任何競爭者都來得專精。因此，要自行地毯式查訪重點區域內所有顧客（包括沒有往來的對象在內），進行市場總檢視。

以區域居民為對象的零售或店舖型服務業，要一面把傳單投到目標家庭的信箱裡，一面逐戶查訪。若是本章提到的住宅改建公司，由於租屋的家庭，住宅非自有，不太可能決定是否改建，調查也沒用，因此只須調查自有住宅的家庭。若把重點放在獨棟房屋上，公寓大廈就不在查訪範圍內。前往目標家庭訪問、聽取對方對於改建的興趣高低或需求，並提供資訊，然後不斷重複類似行動，方能判斷對方是否有成為顧客的可能。

顧客若為公司行號或零售店等對象，就調查所有目標公司行號。要調查的是，在區域內有多少潛在顧客？各顧客每年營收多少？每年進多少目標商品？從哪個批發商進哪家製造商的東西，比例又是多少？

很多人或許以為，顧客會自己告訴我們這些事。不過，多數企業都會做地毯式查訪。例如，你們辦公室的影印機等辦公設備的銷售公司業務員，是否曾經來訪表示：「我是新上任、負責這個區域的業務員」？他們會調查哪個公司在何時向哪裡租賃了什麼樣的辦公設備，或是更換新機的時機，評估成交機率後，按高低排列，再決定不同成交機率下要採取的進攻力道。

地毯式查訪的秘訣，在於讓顧客知道：「我們這麼做不是要推銷。」

以上就是區域策略應用於實戰時的四個步驟。

戰役1　重點整理

1 所謂的蘭徹斯特策略，是一種「在企業間的完全競爭中用以致勝的理論，及其實戰體系」。

2 蘭徹斯特策略的結論是第一強主義。第一名的市占率若為第二名的$\sqrt{3}$倍以上（顧客的錢包占有率則為3倍），就稱為第一強。為營收設定目標時，要力求成為「壓倒性勝過第二名的第一強」。

3 要針對「商品」、「地區」、「通路（銷售管道）」、「客層」等四個層面決定事業的範圍及重點。根基於地區的事業，一般都會以「地區」做為切入角度。

4 將地區細分後，決定重點區域，集中力量創造第一強區域，然後反覆各個擊破，以成為整體第一強為目標，這就是蘭徹斯特策略的區域策略之基本方針。

5 除了收集銷售資訊外，也要收集地區資訊。地區資訊不但要分析人口、家庭等量化資訊，也要分析市場結構、市場體質等質性資訊。

6 在涵蓋公司商圈的地圖上，加入顧客與競爭者據點等標記，以製作策略地圖，讓商圈變得視覺化。也可以考慮採用地理資訊系統製作。

7 重點區域的設定標準是，「弱者要於易勝之處勝之」，強者則要選擇市場性高的區域。

8 要查訪重點區域內所有潛在顧客，以地毯式查訪的方式檢視需求與市占率。

戰役 2 單點集中主義

你是不是以為包山包海獲利也加倍？

為什麼只有這麼點利潤?!
社長室
可、可是，營收比去年成長一五%的目標已經達成了呀！
那種事我知道啦！我講的是利潤啊，利潤！
啊，可是……
餐廳等新事業陷入苦戰，連帶影響到整個集團的獲利率……
算了!!
是……
我去店裡看看!!
多方股份有限公司
我的名字叫鈴木純一郎，
是這家公司的經營者。

五年前，我和三個大學時期的朋友一起開設人力派遣公司。
後來，又把事業擴大到餐飲業，以及承包客服中心業務等——
目前，公司員工已超過七十人。
然而，當初和我一起開設公司的朋友，都因反對我的擴張路線而相繼離去，
從創業之初留到現在的，就只有我一人。
雖然覺得走到今天很不容易，但所有事業卻
都是投資多、獲利少……
如果光看收入，剛創業時甚至還比現在好，
喀啦
酒藏
我感到很焦慮。

不好意思~
這位先生，我們午餐時間已經……
啊，社長！你好……
好你個頭！這家店你是怎麼經營的?!
幾乎沒有什麼利潤不是嗎?!
啊，現在連午餐時段也做了，但還是……
最近食材成本也上漲……
想辦法搞定這種事不就是你的工作嗎？
啊……
應該還有很多地方可刪減成本吧？
可是……
人事成本根本不應該這麼高……
這裡，你給我看這裡!!
閃耀
BAR LANCHESTER
咻—
趴答
BAR LANCHESTER
唔、唔……

微笑
你能不能安靜一點啊？
再吵，餐點都變得不好吃啦。
你是何方神聖？
撕
啊，小姐，不好意思。
有這種社長，員工真的很不幸啊！
板臉
啊、不會啦……
咚
你說沒什麼利潤？
你經營的事業好像滿廣的嘛……
應該是你經營得不好吧？
你、你憑什麼這麼說……
多方集團菜單
要是知道那套法則，
你就可以不必為了利潤太少而焦慮……
那套法則……？
真是遺憾吶！

如果你有意重新來過，就到這裡來。
通關密語是「我要蘭徹斯特」喔。
BAR LANCHESTER
這裡嗎……
黑貓！
真是不吉利……
咕
喵～
吞口水
喀啦

歡迎光臨！
先來杯啤酒吧——
好的，馬上來
很普通的一家店啊，看起來很空……
那個……利潤的事，這家店是不是……
啊？您說什麼？
啊
我要蘭徹斯特!!
咚
沒、沒什麼……
咕嚕咕嚕

它的濃度很高，
你有心理準備了嗎？
嗯、嗯……
吞口水
一份蘭徹斯特！
來了～
飄進來……
你是……！
啊，公司一直沒什麼獲利的社長先生。
先生，如果您的公司沒什麼獲利，不妨找蘭老師商量看看。
老師？這傢伙嗎？

我是蘭徹斯特的推廣師星野蘭，有意見嗎？
啊、沒有……
我想你大概以為自己是個很行的經營者吧。
你這什麼意思？
是想要吵架是吧?!
就算你將事業擴大到多個層面——
餐廳經營
人力派遣
客服中心業務
好大喜功!!
弱者一樣還是弱者啊！
弱者?!
我是社長，為什麼會是弱者?!
弱者
啪—
你到底要我講幾次才懂啊？
除了第一名之外，全部都是弱者啦！
緊抓～
哇
這我倒是第一次聽到～
弱者

你給我從不賺錢的事業撤退，縮小範圍到能夠致勝的事業上！
弱者
哼
我還以為你想講什麼呢……
營收
營收
那麼做的話，營收會減少！
只會讓我們失去銀行的信賴，不斷辛苦地調頭寸。
你根本什麼都不懂嘛！
不懂的是你啊！
像你這種企業經營生手，應該先從基本功學起吧。
生手?!
我管你什麼蘭徹斯特還是曼徹斯特，
你這樣的小鬼沒資格對我講東講西!!
弱者
好了，好了……
根本講不下去嘛……
先生
請你喝看看這一杯。

……!
水？
不，這是杯加水威士忌。
欸?!
完全沒有威士忌的味道啊?!
我是把威士忌加到這壺水中。
什麼嘛，你在捉弄我嗎?!
沒這回事！
砰！
那麼，這次請喝這杯……
……
嗯，這確實是威士忌，而且是純的……?!
不，那杯也是加水威士忌。
加水……?!
這一杯?!

一開始給你喝的那杯及這一杯，威士忌的量都一樣。
那為什麼會這樣？
這杯淡得和水一樣的加水威士忌，就是你的事業！
溢出～
外食產業
你不斷成立新事業，
好，接下來進攻那裡!!
晃動
人力派遣
客服中心
好大喜功
一看到可能有賺頭的龐大市場，就會覺得「啊，就是它了!!」對吧？
那個市場的需求確實很大，
可是，你們公司在那個市場的存在感如何？
燒肉連鎖店
△△集團
◇◇連鎖店
○○居酒屋連鎖店
拼了！

市場再怎麼大，如果你的市占率只有一點點，就會像這個玻璃杯裡的威士忌，
有好像沒有一樣。
相較之下，這個小杯子裡的威士忌，明明是同樣的量，卻在味道與氣味上都讓人覺得很強烈，對吧？
確實如此……
你那麼拼、那麼努力，只是一直在喝這邊的加水威士忌而已——。
那……
我該怎麼做，才能變成這個小杯子裡的加水威士忌？
要我教你嗎？
這個嘛……

單點集中主義!!
今天天氣晴朗浪高
當時，俄國的波羅的海艦隊堪稱世界第一，
要學習的對象是日俄戰爭的日本海海戰裡，秋山真之參謀的作戰方式!!
迎擊的大日本帝國海軍，在秋山的丁字戰法下，大獲全勝！

秋山真之研究了古今中外各種戰略論與戰史，採用流傳於日本瀨戶內海村上水軍的作戰原則：「傾我軍之全力，攻擊敵軍的分散兵力。」
分割敵軍，我方則集中戰力，在作戰時創造優勢，再予以各個擊破。
這麼做的話，就算整體戰力處於劣勢，也能戰勝強敵！
單點集中主義……

單點集中主義!!
這正是弱者逆轉勝的基本戰術!!
砰
弱者逆轉勝……基本戰術……
沒錯，首先要集中於一點。
嗶
嘎啦——
啊啊！
怎、怎麼回事?!
已經事先升級過了

多方股份有限公司
餐飲業
客服中心
人力派遣事業
店
居酒屋
咖啡
橘子
沒錯，這就是你們公司的事業組織圖。
這裡怎麼會有?!
好，要選擇與集中！
在太過分散的事業中，要把重點集中在自己實力較強、一定能贏的領域！
一定能贏……
要是有這種項目，又怎麼會陷入苦戰!!
真是個只會嘴上講講的傢伙……
您一開始是從人力派遣業開始做的，對吧？
之後又投入餐飲與客服中心事業。
人力派遣事業
餐飲事業
客服中心
沒錯。
為什麼會這麼做呢？
我們來整理一下當時人力派遣業的客層與規模吧。
秀
出
嗶
是說～為什麼我們公司對外的機密會……

唔……
餐廳服務生與客服中心的派遣人員，占絕大多數呢。
這個嘛……
啊，對，我想起來了！
由於我們公司在派遣事業中逐漸學習到客服知識，
因此才把事業觸角伸向餐廳與客服中心。
我們也來開居酒屋連鎖店吧！
也就是說，你們公司在餐廳與客服中心方面的派遣業務比較強囉？
原來如此！
那麼，應該選擇做市場比較大的餐廳囉……
如果要鎖定餐飲業的派遣業務，市場太過龐大，大型派遣公司
必定已經在賣力經營了。
所以我說你
不行嘛！
這傢伙三番兩次讓我火大！
你說什麼?!到底是哪裡不行啊?!
唉…

弱者集中力量於一點的秘訣只有一個！
在易勝之處
勝之!!
……也就是該做客服中心嗎？
沒錯，客服中心的市場雖然沒有餐飲業那麼大，
卻是未來會成長的產業。
應該鎖定！

但是，客服中心這門生意沒什麼賺頭。
派遣
不是經營客服中心，而是將派遣業務「集中」到客服中心哦。
派遣業務集中到客服中心？
這樣會和客戶競爭是否縮小規模比較好？
說得也對
這麼說來，我們公司成立客服中心事業後，就不太著力於這方面的派遣……
客服中心這個事業，我想可以繼續保留。
感謝您的來電
集團內有客服中心事業，將可派遣高品質、有即戰力的電話客服人員，這是很有力的武器！
或許也可以經營電話客服人員的教育訓練業務。
心得
第一項
教育訓練課程
對啊！
我們自己的客服中心，如果也可以定位為教育機構的話，就可以大大方方經營了！
你不是不懂嘛！
這樣弱者就可逆轉勝了！

我對蘭徹斯特酒吧的指導很有信心，之後都謹記著單點集中主義——
多方股
於是，我們就以集中於一點做為武器，開發潛在新客戶。
客服中心的電話客服派遣人員，就找多方
客服中心的電話客服派遣人員，就找多方
好的
社長，太好了!!大型郵購業者A公司要把客服中心的派遣業務包給我們!!
太好啦!!

於是——
噢，幸運的黑貓呀。
乖乖
喵
呼嚕
呼嚕
嘰——
你好，我是多方公司的鈴木！
真是太好了！
半年內，我們就開發了十個以上的新客戶！
目前，外界對我們的風評已經變成：「客服中心的電話客服派遣人員，就找多方」了！
那真是太好了。
恭喜您
所以，今天我……
真是不錯呢！
大家進來吧！

哎呀——好棒的店哦！
哇～真的！
一個接一個
我第一次上酒吧♡
我也是耶♡
呃，幹嘛？！
今天想借用貴店舉辦員工慰勞會。
反正你們店裡總是空蕩蕩的
要你管！
你們自己不是有店？
真不爽～
沒有，我們的餐廳全都賣掉啦！
請各位享用自己喜歡的東西
這位是店長？
真有味道，好帥哦♡
選擇與集中，對吧？
我們不是那種店啦～
啊，有人找我了……
走吧，切斯！

戰役2解說

蘭徹斯特法則與單點集中主義

1 蘭徹斯特策略的由來

所謂的蘭徹斯特策略，是一種「在企業間的完全競爭中用以致勝的理論，及其實戰體系」。

它是源自於英國航空工學工程師蘭徹斯特，針對第一次世界大戰研究而提出的戰爭理論「**蘭徹斯特法則**」。

當時，蘭徹斯特負責開發戰鬥機，他很想知道自己開發的戰鬥機在實戰中成績如何，因而對戰爭展開研究。結果，他發現，戰爭中對敵人造成的損害，取決於兵力數與武器性能，這就是蘭徹斯特法則。

二次世界大戰時，美軍徵召入伍的哥倫比亞大學數學教授庫普曼（Bernard O. Koopman），把這法則發展為「**庫普曼模型**」（又稱「**蘭徹斯特方程式**」）。戰後，產業界也應用了這些有「運籌學」（operation research）之稱的軍事研究成果，它也成為今日經營策略的源流之一。

已故的日本企管顧問田岡信夫，則從蘭徹斯特法則中學到了策略思維，利用庫普曼模型推導出市占率理論等，將之系統化成為競爭策略理論。

一般而言，在日本一談到蘭徹斯特策略，指的就是田岡老師加以系統化的競爭策略。若從這樣的根源定義蘭徹斯特策略，它可說是「**田岡信夫以蘭徹斯特法則及庫普曼模型為基礎，所建立起來的銷售策略與競爭策略**」。

田岡信夫（1927~1984）

日本行銷顧問先驅，行銷暨統計專家。他聚焦於蘭徹斯特法則，及應用該法則的庫普曼模型，應用於行銷領域中，建立起「蘭徹斯特策略」這個企業間競爭的理論暨實務體系。自他在1972年出版《蘭徹斯特銷售策略》至1984年去世為止，許多日本企業在不景氣下，都因為學到這套策略方能克敵致勝、存活下來。最早從科學角度看待商業經營的人就是他，不同於過去只強調以意志與體力決勝負的論點。

蘭徹斯特（Frederick William Lanchester；1868~1946）

研究汽車工學及航空工學的英國研究者。他開發出英國第一輛汽油汽車後，也投入初期飛機的開發。在飛機首度使用於戰爭的第一次世界大戰期間，他發現戰爭中對敵人造成的損害量，取決於兵力數與武器性能。據此，他構思出兩個軍事法則，稱為「蘭徹斯特法則」。一直以來都僅止於概念層次的軍事理論，也首度得以公式化。

一九七〇年代以來，許多企業都學習這套策略，以自己的方式運用到商場，獲得豐碩成果。現在，企業界還是經常運用它。此外，日本的企管顧問與行銷工作者，可以說幾乎都受過這套策略的影響。因此，蘭徹斯特策略在日本才會有「競爭策略聖經」之稱。

蘭徹斯特策略是在英國誕生、在美國成長，在日本開花結果成為商業策略。

2 蘭徹斯特法則

蘭徹斯特所歸納出的「蘭徹斯特法則」，認為戰爭中對敵人造成的損害，取決於兵力數與武器性能。由於一對一作戰與集團對集團作戰時的損害量不同，因此推導出第一法則與第二法則。

第一法則是一對一的作戰，是在狹小範圍內接近敵軍，像是劍道比賽那樣的原始作戰。也就是說，第一法則適用的作戰方式是單挑戰、局部戰、近身戰。

蘭徹斯特第一法則

單挑戰、局部戰、近身戰時適用的損害量法則

公式

$$Mo - M = E(No - N)$$

Mo：我方初期兵力數　No：敵方初期兵力數

M　：我方殘存兵力數　N　：敵方殘存兵力數

E　：戰損交換率；即武器效率

意義

所謂的Mo-M，代表初期兵力數減掉殘存兵力，也就是「我方損害量」。

No-N也一樣，代表「敵方損害量」。在這個公式中，當E（武器效率）為1時，我方損害量等同於敵方損害量。

這意謂著，若敵軍戰到全滅為止，我方也會產生與敵軍相同的損害量。也就是說，兵力數多者勝利，多出來的量就是存活量。

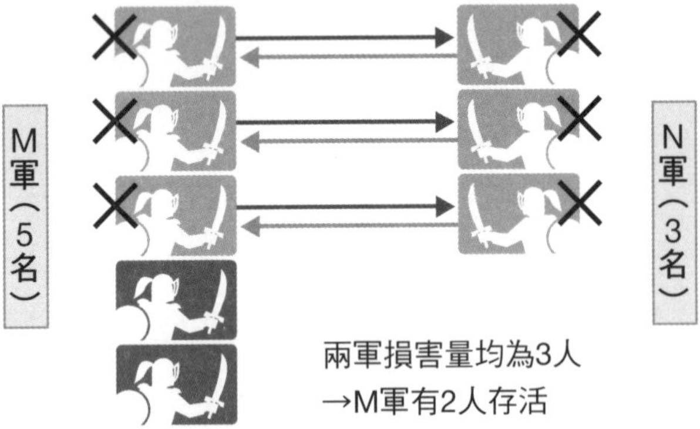

M軍（5名）
N軍（3名）
兩軍損害量均為3人
→M軍有2人存活

結論

戰鬥力＝E（武器效率）×兵力數

蘭徹斯特第二法則

機率戰、廣域戰、遠距戰時適用的損害量法則

公式　$Mo^2-M^2=E(No^2-N^2)$

意義　在武器與技術水準相同下，損害量是敵方兵力數的平方
➡ 兵力數多者，具絕對優勢。

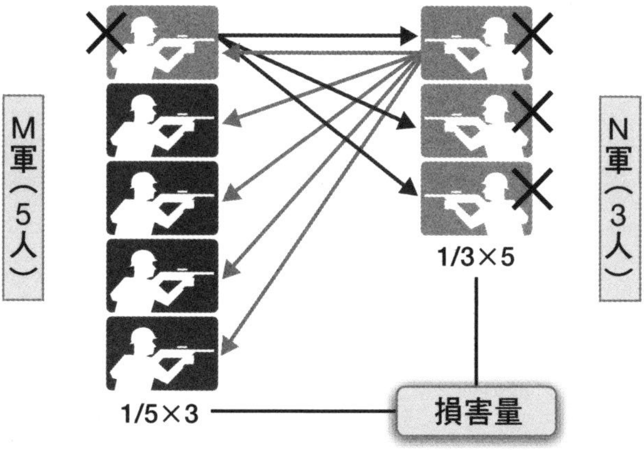

M軍（5人）
N軍（3人）
1/3×5
1/5×3
損害量

為什麼會得出這樣的結論　M軍損害量＝每個人受到來自3人各1/5的攻擊
＝1/5×3
N軍損害量=每個人受到來自5人各1/3的攻擊
＝1/3×5
M軍的損害量：N軍的損害量＝1/5×3:1/3×5＝3/5:5/3＝9/15:25/15
＝9:25＝3的平方：5的平方
∴損害量是對方兵力數的平方
→M軍殘存人數的平方＝5的平方－3的平方＝25－9＝16
∴M=4　→ 4人殘存

結論　**戰鬥力＝E（武器效率）×兵力數^2**

第二法則是集團對集團的作戰，像是機關槍就可同時攻擊多個敵人。攻擊時，不是攻擊個別敵人，而是將炮火集中於一群敵軍；是否會打到每個人，是機率問題。這稱為機率戰，是近代的作戰方式，亦即在廣大範圍內與敵軍保持距離作戰。也就是說，**第二法則適用的作戰方式是機率戰、廣域戰、遠距戰**。

蘭徹斯特所揭露的第一法則與第二法則，如八〇、八一頁所示。

第一法則與第二法則，都是表示戰爭中敵方與我方損害的方程式，其結論如下：

蘭徹斯特第一法則

（適用於單挑戰、局部戰、近身戰）

戰鬥力＝武器效率 × 兵力數

蘭徹斯特第二法則

（適用於機率戰、廣域戰、遠距戰）

戰鬥力＝武器效率 × 兵力數的平方

將敵方與我方的武器性能相比較、化為比率的結果，稱為武器效率，它和兵力數相乘就是戰鬥力。在第二法則中，則要乘以兵力數的平方。至於原因，請看第八〇、八一頁的說明。

在M軍5人對N軍3人，作戰至N軍全滅為止的例子中，分別以第一法則與第二法則計算。

第一法則下，M軍與N軍同樣產生3人的損害量，剩下2人。

相對的，第二法則下，相對於N軍戰至3人全滅，M軍的損害量只有1人，還剩4人。數量多的一方有絕對優勢，是第二法則的特徵。

3 蘭徹斯特法則在商業上的應用

蘭徹斯特法則可以像下面這樣應用在商業上。

適用蘭徹斯特第一法則時

營業力＝質×量

適用蘭徹斯特第二法則時
營業力＝質×量的平方

這種應用方式，是把戰鬥力類比為「營業力」，也就是企業取得顧客、獲得營收、賺取毛利的能力。武器效率則可類比為「質」。

所謂的「質」，可列舉出許多項目。只要是構成顧客選擇標準的條件，可以說全部都算是。

・商品品質、性能或背後的技術開發能力等硬體因素
・商品的銷售方式或服務等軟體因素
・價格與保證等銷售條件
・業務人員的技巧與因應顧客的能力
・解決顧客問題，以及支援顧客的能力
・推動業務的能力或售後維修
・以上這些活動所不可或缺的資訊能力
・在以上這些活動中構成形象的品牌能力

兵力數相當於「量」。

所謂的量就是：

・業務人員數量
・業務據點數量
・洽談業務的次數與頻率
・洽談業務時，主管或技術人員等同行人數
・產品品項數量
・零售業的賣場面積
・店舖型服務業的座位數

……等等。

那麼，商業上如何判斷該使用第一還是第二法則？

若把單挑戰、機率戰應用在業務績效上，單挑戰可看成業務員個人的業績，機率戰可看成業務小組的業績、負責範圍的業績。以競爭者數目來看，單挑戰是兩家公司間的競爭，機率戰就是三家以上的競爭。局

部戰、廣域戰，就看是像本書第一章那樣鎖定區域作戰，還是在廣大範圍作戰。在事業領域上，就看是像第二章那樣選擇與集中，還是要多角化經營。

若把近身戰、遠距戰套用到產品流通上，近身戰是直接銷售或接近消費末端的戰法，遠距戰是充分活用批發力量的戰法（第四章會探討）。此外，以業務員人力推廣業務活動是近身戰，透過廣告集客就是遠距戰。就像這樣，可以把兩個法則應用到商業上。

從蘭徹斯特法則中可以看出，兵力數量多者，經常處於有利狀態。武器性能好固然也有利，但是在第二法則下，兵力數要以平方計，因此就算武器略為精良，兵力數如果較少，就很難獲勝。**兵力數少的話，可以用第一法則的方式作戰，透過集中兵力與提高武器性能，就會有贏面。**

據此，可推導出弱者、強者兩種不同立場下的戰法。增加「量」就是集中，第二章探討的就是這個主題；而提高「質」就是差異化，第三章會和弱者的策略、強者的策略一起探討。

「量」與「質」。

要在作戰中獲勝，「量」與「質」都必須提高，但二者相較下，我個人認為應該從增加「量」方面著手。在第二法則下，量是以平方計算，因此效果較大。質的提升並非易事，容易流於主觀，量的增加就比較客觀。此外，增加量是提升質的捷徑。誰都同意，增加練習量可以提高素質。

4 單點集中主義

「量」較少的弱者，就算正面與強者競爭，也不會有贏面；必須決定想贏的一個點，把僅有的量集中於其上。「集中」可以讓自己在那一點上的「量」，比任何競爭對手都多。「雖然整體來說量不多，但在某一點上比競爭者多」的這種戰法，就稱為**「單點集中主義」**。

超越美津濃、成為日本最大體育用品製造商的亞瑟士（ASICS）公司，在創業時，也是單點集中於產銷籃球鞋。該公司已故的創辦人鬼塚喜八郎曾說：「再厚的一塊板子，拿錐子慢慢鑽，也會鑽出洞來。這就是『單點集中』的鬼塚式鑽錐商法。」

至於該集中到什麼程度，最低限度是，要比任何競爭者的量都來得多才行。在一個區域內，最好是數量第二高的競爭者的$\sqrt{3}$倍（約1．7倍）；以顧客的錢包占有率來看，要是第二名競爭者的3倍，這樣就毫無疑問能致勝。至於該集中到什麼地步，則是要到成為第一強為止。若能壓倒性領先第二名，戰爭就結束。接著，就繼續集中，在下一個部分成為第一強。

那麼，該如何集中？如前所述，**所謂事業範疇的細分化與重點化，就是針對「商品」、「地區」、「通路（銷售管道）」、「顧客（客層）」這四項課題，決定其範圍與重點**。關於地區，第一章已解說，關於通路（銷售管道），會在第四章解說。在此先針對商品與顧客（客層）的細分化與重點化，說明具體做法。

①市場規模
②成長性
③獲利性
④競爭環境

要分析以上各點。④的競爭環境指的是，有幾家業者進入業界，並分別分析它們的營收、排名、市占率、成長性、特徵等。自家公司若在業界是第一名，重點就在於要從①②③各項做綜合判斷。如果在某些商品或客層中，雖然是第一名，卻不是第一強的話，理論上就要痛擊第二名，創造自己的第一強地位。

如果公司整體表現在第二名以下，就要徹底進行④的競爭環境分析，看看自己在哪方面能致勝、哪方面有相對較高的市占率、哪方面能夠發揮競爭優勢，從這些因素來判斷。把①②③當成參考資訊就好，挑選易勝之處就行，和區域的重點化策略相同。

第二章的「多方」公司是營收導向，在還是弱者時就擴大規模，形成「在大市場攻占低市占率」的狀態，不可能有利可圖。而單點集中主義的關鍵是：**「在小市場攻占高市占率」**。

這個世界上，有的公司大，有的公司小；而且像蘭徹斯特所定義的，有的公司強，有的公司弱。強者是指在該區域、該業界、該範疇居首位。第一名以外的所有公司，全都稱為弱者。如果把大小與強弱相配，公司可以分為弱小、強小、弱大、強大等四種類型，如次頁圖所示。你們公司是哪種類型？

多數公司都落入「弱小」的類別，而應該追求的目標是「強大」。弱小不可能馬上變強大，必須藉著經歷「弱大」或「強小」的過程。多方公司的鈴木社長，原本走的是「弱大」路線，小蘭則指點他應該走「強小」路線。我個人把它命名為**「強小法則」**。

在小蘭指導下，多方公司回歸到客服中心派遣業務這個出發點，建立定位：「客服中心的電話客服派遣人員，就找多方」，因而得以在小市場掌握高市占率。雖然集團把餐廳都賣掉，或許會使營收大幅減少，甚至蒙受損失，但還是蛻變成小而強的公司。

單點集中主義有其風險，因此也有人認為該藉由多角化經營分散風險。沒錯，太過集中確實會伴隨著風險，但我的意思並不是指任何做法都要永遠持續下去、都非得執著於一種事業不可。我想表達的是，**應該鎖定一個突破口**。

在單點突破成為第一強後，再集中力量創造下一個第一強事業即可。在突破之前那種不上不下的狀況從事多角化經營，風險反而比較高，不是嗎？

強小法則

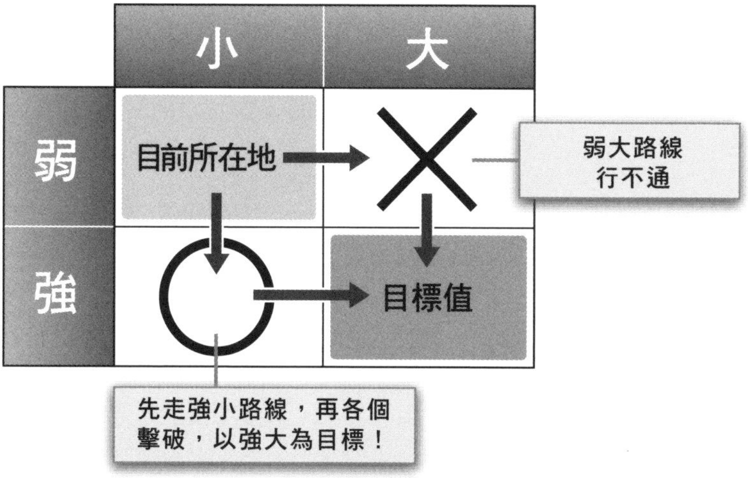
小
大
弱
強
目前所在地
弱大路線
行不通
目標值
先走強小路線，再各個擊破，以強大為目標！

戰役2　重點整理

1. 蘭徹斯特策略，是田岡信夫根據蘭徹斯特法則與庫普曼模型建立起來的競爭策略。
2. 單挑戰、局部戰、近身戰，適合使用蘭徹斯特第一法則，其結論是「戰鬥力＝武器效率×兵力數」。
3. 機率戰、廣域戰、遠距戰，適合使用蘭徹斯特第二法則，其結論是「戰鬥力＝武器效率×兵力數的平方」。
4. 蘭徹斯特法則若應用到商業中，第一法則型的事業會是「營業力＝質×量」；第二法則型的事業是「營業力＝質×量的平方」。
5. 量的擴大固然困難，但是藉由集中，可以創造出量的優勢。這就是單點集中主義。
6. 弱者應該「在小市場攻占高市占率」，以「強小法則」作戰。市場再小也無妨，先成為第一名（強者），再慢慢擴大事業範疇。

戰役 3

差異化

你是不是以為模仿大企業就有機會成功？

287：路人
託蘭徹斯特策略的福，我們成功以弱者身分逆轉勝了！
謝謝你，小蘭！
288：無名氏
我看到那個頂尖經營者森元清隆走進蘭徹斯特酒吧。小蘭真的很厲害耶。
289：路人
啊～～我也好想讓小蘭罵一罵哦～
[前面20筆] [後面20筆]
留言
經營者趨之若鶩的
跳出
按滑鼠
話題一覽
託小蘭的福
哪個人能借我錢～～
什麼樣的交易對象
留言
可以告訴我蘭徹斯特酒吧
在哪裡嗎？
送出
喀
喀
喀
我的名字是大和幸彥，
由於父親驟逝，大和罐頭公司由我接手。
301：路人
白痴哦，你真的相信有這種人存在嗎？
302：無名氏
拜託，不要這麼白目
啪
啪
說的也是～
大和罐頭是製造鯖魚和鮭魚罐頭的主力事業。
大和罐頭
倉庫K.K
唉
我還是去拜訪客戶好了……

不過，這個市場是由大型業者寡占，我們公司市占率在第五名之外，是弱者中的弱者。
我愈來愈覺得，一定得設法採取行動才行——
喵
幹嘛啦，我身上難道有魚腥味？
就算有，也是因為我是做罐頭的～
要吃嗎？
我們公司是沒做寵物吃的罐頭啦……
我開給你……
啊!!
啣～
哇，牠咬走啦……
牠咬走罐頭要怎麼吃？
……唔
算了……
喵～
嗯？

這是什麼……？
要報答我給你罐頭嗎？哈哈哈！
……!!
這、這是……
BAR LANCHESTER
喀嚓
PRIVATE
啾！
歡迎光臨～
蘭、蘭小姐嗎?!
是我沒錯……
躂躂躂
幹、幹嘛……?!

蘭小姐，拜託你幫幫我!!
啊，這個嗎？
我拿魚乾和你換吧，切斯
有點難以啟齒～
那、那個是我們出的罐頭!!蘭老師您也在吃嗎?!
除此之外，我們還有這種罐頭和這種，也有這種罐頭！
我對它們的口味很有自信！
腳亂
手忙
請比較看看最大家的罐頭業者和我們產品的口味，
無論品質或營養，我們都和大公司完全相同，價格則是比較便宜！
可是，為什麼不賣啊，我真的不懂耶～
好了，你冷靜一點啦！
嗚～嗚～嗚
我知道了
店長，請先上那些咖啡。
喀啷～

請用～
……罐裝咖啡……？
咚
你要喝哪罐？
請選自己喜歡的。
呃，我不知道怎麼選……
Virginia
EXTRA
TOP!
COFFEE
PASSION
MAX
Amazing
咚
咚
咚
它們的咖啡豆種類和生產方式雖然不同，
但味道幾乎差不多。
但市占率卻有這麼大的差異！
你覺得是為什麼？
10%
10%
15%
30%
唔～
或許是電視廣告打出形象吧……
可以的話，我們公司也想打打廣告……
大和罐頭
嘖嘖
沒錯，廣告一旦成為話題，
市占率會改變幾個百分點。
可是！
決定性差異在於自動販賣機設置的台數！
咚
Virginia

假如味道大同小異，照理說，銷售地點較多的產品就會勝出。
最早出罐裝咖啡的兩家歷史較久的業者，由於自動販賣機台數較少，市占率都只有10％以下，難以成長。
也就是說……
像我們這樣的公司，就算拼了命力求生產出品質與口味不輸大型業者的產品，也沒有用，是嗎？
喂，喂！不要這麼快下結論嘛……
可是，以前我父親就是因為持續生產出不輸大型業者的產品，才能將公司擴大，
但是我卻……
但那只適用於過去。
在過去那個人口很多、食物很少的時代，那麼做或許很好，
現在人口減少，食品的加工保存技術與流通體系也都有長足進步，大家就比較不吃罐頭了，
環境完全不一樣。
活魚
冷凍車
調理包
宅配便當
叮
完成了♡

如果只是承襲上一代的方式，你們公司只會漸漸變成輸家。
喀
大廠罐頭
這樣嗎……果然不能學老爸的做法啊……
聽好，
兵力較少的軍隊，和兵力較多的軍隊用相同武器作戰，你覺得會贏嗎？
應該很難吧……
要準備能夠戰勝敵軍的武器才行……
沒錯!!
步槍隊瞄準——!!發射——!!
弱者就要走差異化路線!!
要學習的是——西鄉隆盛在鳥羽伏見之戰中的表現！

西鄉隆盛率領五千名新政府軍，打敗新撰組等幕府軍的一萬五千人。
誠
就算兵力較少，只要握有能贏過敵人的武器，即使是弱者，也能戰勝強者。
而贏過敵軍的武器，就稱為「差異化」。
我懂你的意思，可是我不覺得，我們公司有辦法突然做到這種差異化耶……
我們一向都只是模仿大型業者而已……
比如說，這個罐裝咖啡是
「早晨專用」！
廠商以奇襲戰術喊出這樣的話，結果大大熱賣。
Amazing
這種瓶裝的咖啡牛奶，
則是開拓出之前不買罐裝咖啡的女性客層。
沒錯，
就是那個！只要模仿就行啦！
不過，要向其他產業模仿！

對啊！
就算因為口味幾乎相同，而覺得很難做到差異化，
只要稍微換個角度思考，還是可能想出差異化的點子！
喔喔
點子
唔！
你理解得很快嘛。
可是……
用這種差異化策略，會變成僅限於特定目標客層耶……
弱者……
沒必要鎖定每一個顧客!!
不，應該說不能這麼做!!

一旦想讓每個人都喜歡你，要傳達的訊息就會稀釋掉，結果會變成沒人喜歡你喔。
小公司或小店就算被多數人討厭，那又何妨？
只要有部分的人壓倒性地支持你，要經營下去就已經綽綽有餘。
你說的很對！
請吃吃看這個！
叩
這是……？
這是「猩猩的鼻屎」。
欸欸！
這、這種東西怎麼可以……
呵呵呵
這是點心啦，不是真的鼻屎。
真的耶……
這是黑豆做的微甜納豆，口味簡單好吃呢。
可是，為什麼要取這種名字？
聽說他們是覺得，取這樣的名字，就能夠擺在動物園的商店銷售。
也就是說，就算有人討厭也沒關係，製造出差異化就對了……
沒錯沒錯！

可是，以我們公司來說，該採取什麼具體做法才好……
我就知道你會這麼問，
因此早就幫你整理好差異化的資訊了。

5 區域的差異化

改建公司將業務車無法進入的區域，
定為重點區域（第一章P.11起）

改建

6 促銷的差異化

①公關、資訊傳遞、品牌經營

「猩猩的鼻屎」
在媒體報導後爆紅

②廣告、促銷活動

送你吊飾！

7 業務經營的差異化

①業務經營方式

這是敝公司想出來的企畫

②顧客滿意

一定能讓您滿意

③解決方案

可以協助顧客
您解決問題

8 理念的差異化

敝公司的使命是……

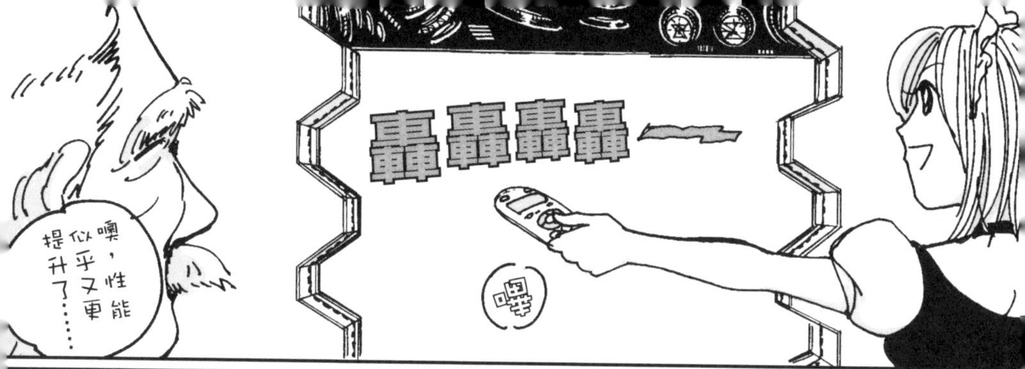
轟轟轟轟—
嗶
噢，性能似乎又更提升了……

1 市場的差異化

①事業範疇

專注於客服中心派遣業務的人才派遣公司（第二章P.55起）就是這麼做

②客層

為了吸引女性顧客飲用罐裝咖啡而設計的瓶裝款式，就是採取這個策略（P.97）

2 產品、服務的差異化

①產品性能

好喝
強化營養

等等

②產品的銷售方式、用途、外觀

雖然產品相同，但特別說是「早晨專用」的咖啡，以製造差異化（P.97）

早晨專用!

③服務

送貨到府
MILK

等等

3 價格的差異化

並不是訂得便宜就好，要在不同於強者的價格帶作戰！

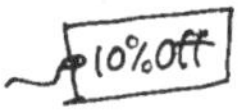
10%off

4 通路（銷售管道）的差異化

「猩猩的鼻屎」是為了攻占動物園通路，而將命名差異化（P.99）

原來如此，差異化也有各式各樣的方式～
你們公司的罐頭很好吃，營養價值又很高對吧，
若對產品內容有自信，就要下工夫讓它顯眼!!
弱者就要建立自己的特色！
高營養價值
×
好吃
能不能再加上一種附加價值呢？
像這樣具備三個特質的話，差異化的力量就會爆發哦——
快速 × 便宜 × 好吃
……

高營養價值
×
好吃
因為是鯖魚，所以比肉類健康，
不過，如果是這點，其他公司也一樣……
唔……
賣剩的部分，乾脆就由你吃掉，藉此消一下你的大肚腩如何？
啊哈哈哈
代謝症候群就吃鯖魚!!
感覺或許不錯唷～
呵呵
就是這個!!
我有一些靈感了!!
現在我馬上回公司整理點子看看!!
咦？
砰
我會再來的!!
你覺得他沒問題嗎？
總覺得有重要的事還沒告訴他……
嗯，自己碰壁也是一種學習啦。
嗯，這罐頭滿好吃耶。
再來要吃哪個好呢～
那麼，我來拿些貓罐頭給切斯吃吧。

戰役3解說

弱者的基本策略「差異化」

1 弱者的策略、強者的策略

兵力少的軍隊通常居於劣勢，不過蘭徹斯特法則卻告訴我們，小也有勝過大的可能，也就是要做到以下三件事。

①訴諸蘭徹斯特第一法則適用的單挑戰、局部戰、近身戰，
②集中兵力，
③提升武器性能，
由此形成一套「弱者的策略」。

兵力多的軍隊（強者）通常居於優勢，而且只要採取以下三種作戰方式，就能讓弱者無法採取弱者的策略，而處於不敗之地。

①訴諸蘭徹斯特第二法則適用的機率戰、廣域戰、遠距戰，
②活用己方的豐富物資，全面發揮兵力，以整體力量作戰，
③使用至少與弱者同等級的武器，
這樣的話就能獲得壓倒性勝利，形成一套「強者的策略」。

在此要定義一下弱者與強者。軍事上，兵力較少的軍隊為弱者，兵力較多的為強者。若應用於商業，在蘭徹斯特策略中，**市占率第一的企業為強者**，第二以

弱者與強者

單挑戰‧局部戰‧近身戰
蘭徹斯特第一法則
弱者的策略
差異化
聲東擊西法
局部戰
單挑戰
近身戰
單點集中主義
機率戰‧廣域戰‧遠距戰
蘭徹斯特第二法則
強者的策略
同質化
誘導戰
廣域戰
機率戰
遠距戰
整體主義

所謂的弱者，是指在競爭中市占率第二名以下的所有企業。

所謂的強者，是指在競爭中市占率第一名的企業。

弱者和強者不是以規模區分。大企業也有弱者，小企業也有強者。此外，在地區、通路、顧客等競爭層面應該分別判斷，因此雙方會有立場交換的時候。

下都為弱者。

所以，這裡講的不是規模經濟。日產與本田汽車都是超大企業，但是在一般家用車市場中，豐田是第一名，因此日產和本田在這領域就是弱者。相對的，小市鎮的工廠雖然規模不大，但只要在特定利基範疇中是第一名，在該範疇中就定位為強者。

此外，強者、弱者的立場並非固定不變。本田就算在汽車市場是弱者，但在機車市場就反倒是市占率第一名的強者。因此，必須像這樣**依商品別、地區別、通路別、顧客別，仔細區辨弱者和強者的立場**。

為什麼必須一個一個分得這麼細？那是因為，弱者與強者的作戰方式，根本上不同。

弱者必須持有贏過敵軍的武器，要把武器磨亮才行。

比較敵軍與我軍武器性能後，會得出「**武器效率**」。商業中，提高武器效率的方法稱為「**差異化策略**」。弱者的基本策略就是差異化策略。

接著是集中兵力，亦即採取「**單點集中主義**」。我們已經在第一、二章，學到它和「**局部戰**」、「**單挑戰**」了。此外還有「**近身戰**」（第四章會介紹）以及游擊隊式的奇襲戰法「**聲東擊西法**」，加起來稱為**弱者的五大戰法**。「早晨專用的罐裝咖啡」及「猩猩的鼻屎」，都是聲東擊西式的商品開發。

相對於此，強者的策略在於要封鎖弱者的差異化，不讓弱者採取適合的作戰方式。弱者一使出差異化策略，強者只要模仿跟隨，讓差異化不再是差異化就行了。這稱為「**同質化策略**」，是強者的基本策略。接著，以壓倒性的物資全面揮軍，在「**整體主義**」下作戰，然後發動蘭徹斯特第二法則型的戰爭，也就是「**機率戰**」、「**廣域戰**」、「**遠距戰**」。再加上先下手為強，比弱者先採取措施、誘騙弱者出來再予以包圍殲滅的「**誘導戰**」，就是**強者的五大戰法**。

在市場擴大的成長期，弱者就算只模仿強者，也能得到一定好處。只要生產相同於強者的產品，再以略為便宜的價格出售，要設法度過成長期不是問題。如果像是本章提到的大和罐頭，在上一代所處的時代，採取跟隨策略，認為「做的事和大型企業一樣就沒錯」，這種想法並沒有問題。

只是，市場成熟後，就是市占率的你爭我奪了。在這種時候，兵力較少的弱者就算以較便宜的價格，銷售和強者商品同等級的產品，也不可能擊敗強者。像大和罐頭到了第二代所處的現代，就愈來愈難做。**弱者模仿強者，並非打贏對方的保證**。東西如果相同，顧客會選擇接觸機會較高的強者。例如，自動販賣機的設置台數，就決定了罐裝咖啡的市占率。

弱者在成熟期如果跟隨強者，只能說是陷於強者五大戰法之一的「**誘導戰**」而已。弱者進入，使得整個市場活化、需求擴大。擴大的市場中，取得最多市占率的就是強者，弱者就像只是為此而遭誘騙出來而已。等到市場平穩下來，就會遭到強者包圍與殲滅。

因此，在成熟期，弱者必須對外訴求自己與強者的不同。兵力少的軍隊想贏，就要把武器磨亮，而這武器就是差異化策略。

雖然大家都知道「成長期可以跟隨，成熟期就必須製造差異化」，都知道想法要改變的道理，卻總是做不到。日本在戰後維持了很長的成長期，在國際上一向跟隨歐美先進國家，而且原本就是農耕民族，具有「注重協調、不愛突出」的國民性，因此日本人應該有所自覺，知道自己並不擅長差異化。

明明很有本事，卻又不想顯眼，這對公司的存續與發展而言，不是一種罪過嗎？所以，要先想想自己如何才能顯眼，才能訴求特有的存在感，也就是所謂的「**構思特色**」。在這一章，我們已經舉了「早晨專用的罐裝咖啡」以及「猩猩的鼻屎」，做為聲東擊西的差異化實例。

一般想法會覺得，如果說所推出的罐裝咖啡是早晨專用，那麼顧客不就不會在中午或晚上喝它嗎？用鼻屎來當點心名稱，別人不會覺得很低級嗎？

可是，差異化沒有常識可言。就是因為偏離常識、身為異端或不平凡，才算是差異化。所謂的「**弱者不該以讓所有人都接受為目標**」，就是這個意思。

不過，出奇並非一定能制勝。如果沒什麼真材實料，還耍花招想引人注目，假面具馬上就會遭揭穿。不求人人接受，也並不代表就可以傲慢。

「猩猩的鼻屎」這名字固然取得過火了點，卻不是中看不中用的玩笑商品。由於它兼具「好吃×健康×有趣」三大要素，受到許多人支持。「猩猩的鼻屎」成為話題後，諸如「阿拉伯狒狒的鼻屎」、「鯨魚的耳屎」、「大象的糞」等等各種玩笑商品，在動物園泛濫起來。不過，這些商品就沒那麼暢銷了。

2 差異化的八個角度

在本章，小蘭建議了八種差異化的角度。

(1) 市場的差異化（①事業範疇，②客層）

(2) 產品、服務的差異化（①產品性能，②產品的銷售方式、用途、外觀，③服務）

(3) 價格的差異化

(4) 通路（銷售管道）的差異化

(5) 區域的差異化

(6) 促銷的差異化（①公關、資訊傳遞、品牌經營，②廣告、促銷活動）

(7) 業務經營的差異化（①業務經營方式，②顧客滿意，③解決方案）

(8) 理念的差異化

在此要解說一下例子中沒有談到的(3)價格、(7)業務經營，以及(8)理念的差異化。

・價格的差異化

本章提到的大和罐頭，生產和強者一樣的商品，再以略為便宜的價格出售，但公司還是走下坡。因為光是便宜一點點，仍難以與對手相抗衡。要走低廉路線，原本就是靠體力決勝負，要有規模經濟才能成事，因此是有利強者的比賽場地。就算以低價吸引顧客，只要遭強者同質化，就什麼都不用談了。

要記住，以價格略低的方式製造差異化，最容易遭同質化。

如果東西一樣，顧客會想以較低價格買入，也是理所當然。弱者首先要想到的是，以價格以外的要素決勝負，不要變成價格競爭。黑豆做的微甜納豆很容易演變為每公克多少錢的價格競爭，因此主導權在買方手上。不過，加上「猩猩的鼻屎」這個品牌後，價格決定權就掌握在製造商手上了。

所謂的價格差異化，就是在不同於強者的價格帶作戰。隨隨便便就廉價出售，會很要命。

・業務經營的差異化

「顧客滿意」、「顧客至上主義」是任誰都不會否定的好聽話，但其中卻暗藏陷阱。之所以這麼說，是因為就算完全滿足顧客的希望，他們還是不會滿意。很多時候，連顧客都不知道自己的真正需求。企業對於滿足顧客，往往只著眼於顯著需求上，容易忽略連顧客自己也沒有察覺的需求，或是沒有深入研究一些本質性的課題。

尤其是許多員工缺乏使命感、自信與自豪的小企業，一旦公司打出「要追求顧客滿意」的旗號，員工就只會一味討好顧客。這樣的話，只會愈來愈卑躬屈膝，養成輸家特質。此外，公司內部若有許多熱心親切的員工，也要注意。這些人會覺得，只要實現顧客的希望，就能提高他們的滿意度，因此只要看到什麼顧客要求，都會想滿足，但如此很可能演變為過度服務顧客，有時候甚至會偏離本質，花了寶貴力氣，卻沒有成果。

在業務經營上，若想透過滿足顧客以製造差異化，就不能只處理顧客的顯著需求，要連他們自己也沒有察覺的潛在需求都深入追蹤並因應，才算是真正解決問題。

・理念的差異化

我認為，理念才是最終極的差異化，也是最強武器。所謂的理念，是企業經營的原點與基礎。它是要說明公司為了完成何種事業而存在，以及在社會上的存在意義。它要傳達出公司對顧客而言的存在價值，成為一個受喜愛、尊敬與信賴的企業。對員工而言，公司理念也是他們內心的依靠，帶來自信自豪，成為他們帶著使命感工作的原動力。對企業家而言，則是創業的原點。

理念是一有迷惘時，就能回歸原點尋求的判斷標準，因此在遇到事故、客訴等緊急狀態時，就會採取不同因應方式。企業的負面事件，可能在一夜之間就會將長年累積的信賴消耗殆盡，但若能根據理念經營，應該根本不會發生負面事件吧。就算發生，只要依循理念、迅速誠實地因應，有時反而能「因禍得福」，更強化外界的信賴。

像這樣，重要理念可以成為和對手不同的最強競爭力，成為對手無法模仿的本質性差異，也可以成為一種風險管理。就算外觀上能夠模仿得來，生存之道也是模仿不來的。

前面提到過，在鳥羽伏見之戰中，日本新政府軍以五千人兵力戰勝一萬五千人的幕府軍，原因就在於他們兵力雖少，卻擁有勝過對手的武器。當對手拿著刀砍過來，他們就拿出西洋步槍這種最新武器應戰。

這固然是新政府軍的勝因之一，但最大因素在於，他們高舉「錦之御旗」使然。所謂的「錦之御旗」是指朝廷的旗幟，也就是代表自己是「政府軍」，而與之為敵的就是「寇軍」。

江戶幕府的第十五代將軍德川慶喜，出身自尊王思想濃厚的水戶德川家，雖然在兵力上占優勢，但是因為害怕淪為寇軍，已經喪失鬥志。新政府軍高舉錦之御旗，就是擁有最強競爭力的「理念」。

3 差異化五大原則

接著，我來說明差異化的五大原則。

(1) 別人能夠輕鬆同質化的差異化，不算差異化

價格稍低的差異化，是最容易遭同質化的差異化，這點必須注意。一旦遭到同質化，差異化就不是差異化了。差異化雖然往往都會面臨敵手的同質化，但還是要盡可能找出要花費較長時間才能同質化、進入障礙較高的差異化方式。

(2) 顧客沒有好評的差異化，不算差異化

這是技術研發型的企業常有的問題。雖然業者聲稱「我們開發出這麼了不起的功能！它是劃時代的發明，一定會普及，請務必要販賣它」，卻完全不暢銷。只有開發的人自己覺得產品功能很了不起，對顧客而言，往往沒有太大價值。這樣究竟算是做到差異化還是沒有？不要忘記，這點必須由顧客判斷，而不是廠商自己。

(3) 差異化要深入淺出

我們必須力求在某一點決勝負的差異化方式。然而，現實中，很難找到這樣的切入角度。因此，會考慮把多個差異化的點加在一起，希望帶來乘數效果。然而，差異化的項目一旦太多，也會失焦。

為了讓對象易於理解，要把差異化的項目整合為三大項左右。

賣牛丼的吉野家是「好吃×便宜×快速」，猩猩的鼻屎是「好吃×健康×有趣」，都是以三項特質爆發出差異化的力量。

像這樣控制在三個項目，就相當簡單明瞭，讓顧客能聽進去。等到他們表達出興趣後，再詳加說明「為什麼吉野家的牛肉一定要用美國產的？」、「為何黑豆有益健康？」等，把背後蘊藏的深遠意義講出來就行了。

(4) 在自己業界跳脫常識的事，在其他業界卻可能是普遍現象

在故事中，小蘭也講了：「不妨模仿其他產業看看。」有什麼事在其他產業已是普遍現象，在自己這個產業卻還沒有人做？其中就潛藏著能夠迅速製造出差異化的線索。

在一個業界待久，就很難想到差異化的點子。從一些業界生手採取革命性做法，而使業界勢力版圖一口氣改變的情形來看，向其他產業尋求差異化的線索很有用。

(5) 耍點花招無妨，但還是要有信念做為後盾才行得通

有句話說：「魔鬼藏在細節裡」。就算只是一張名片，只要產生差異化，也會成為施展業務的利器。寄出表達謝意的明信片，也是很了不起的差異化。耍點小花招無妨，儘管施展也很好。不過，人家一定會問你，背後的信念是什麼？只會耍花招讓顧客訝異或嚇唬他們是行不通的，必須要有一貫的理念。

戰役3　重點整理

1 市占率第一名的企業稱為強者，除此之外都是弱者。強者和弱者要依照不同競爭情境判斷，從商品、地區、通路、顧客等類別來看，各有不同的強者與弱者。由於看的不是經營規模，因此大企業也會有弱者，小企業也會有強者。之所以要按照不同情況判斷，是因為弱者和強者採取的策略，有一百八十度差異。

2 弱者的基本策略是差異化。除此之外，還有局部戰（限定區域或事業範疇）、近身戰（接近顧客的通路策略、業務活動）、單挑戰（競爭對手少的作戰）、聲東擊西法（攻敵之不備的奇襲戰法）等等，而前提是單點集中主義。

3 弱者的基本策略「差異化」，是以行銷4P（Product＝產品、Price＝價格、Place＝通路、Promotion＝促銷）為基本考量。

可由以下八個角度切入，再以二、三個訴求灌輸給顧客。(1)市場（①事業範疇，②客層）、(2)產品、服務（①產品性能，②產品的銷售方式、用途、外觀，③服務）、(3)價格、(4)通路（銷售管道）、(5)區域、(6)促銷（①公關、資訊傳遞、品牌經營，②廣告、促銷活動）、(7)業務經營（①業務經營方式，②顧客滿意，③解決方案）、(8)理念。

4 強者的基本策略是「同質化、模仿、跟進」。除此之外，還包括廣域戰（擴大區域或事業範疇）、遠距戰（全面活用經銷商力量、透過資訊的傳播促銷）、機率戰（集結公司力量、以完整的產品線策略不讓弱者有機可趁、集團內部相互競爭）、誘導戰（先下手為強的誘騙作戰）等。前提則是整體主義。

戰役4

近身戰

你是不是以為顧客一定都知道你的東西好？

大和罐頭公司以「代謝症候群」為關鍵字，研擬商品的差異化方式。
成人病
代謝症候群
衛生署
成分分析
DHA
而最後發展出來的是——
新商品概念
「超低卡路里」
好，就推這個吧!!
在不斷嘗試下，成功把卡路里降低到勝過其他公司產品的水準！
這麼好吃卡路里又這麼低喔！
營養價值不變！
也可以用來做菜呢
總算創造出具備三大優點的出色商品！
好吃
高營養價值
超低卡路里
弱者就要建立特色啊!!
要給人衝擊感！
可是…
排除了公司元老級幹部的反對——
代謝症候群
吃鯖魚
罐覺超棒
也決定好商品名稱了!!

而且，我們還找來在食品大廠當過業務課長的林慎一先生，擔任業務主任！
我會把原本的人脈活用到最大限度，強化公司的銷售網！
交給我就對了！
拜託你了！
請協助我們逆轉勝。
可是……
你看看該怎麼辦?!
你們為什麼要教一些奇奇怪怪的招式?!
我明明照著你們講的，推出差異化商品，卻完全不賣啊！
幹什麼啦！
蘭、蘭小姐!!
咚
痛
咚
咚
你們要負起責任啦～

都是你，我話還沒講完，你就自己跑掉了!!
欸——?!後面還有嗎?!
散落
散落
如果只是差異化，當然行不通啊！
怎麼賣才重要啦！
怎麼賣？
恕我說句話……
咳咳
我就是為此才來到大和罐頭的啊！
你是誰啊？
我叫林慎一，原本是一家食品大廠的業務課長，
這次接下了大和罐頭的業務主任一職。
我活用前公司的人脈，打造出全國規模的銷售網。
之前很感謝您～
其實現在我……
那就麻煩您了～！
如果不是我，可是辦不到的唷
哈哈哈
糟透了……
唉～
真火大

充分活用批發的力量，是「強者打遠距戰」的做法，
並不適用於弱者大和罐頭吧。
雇用這種人真是大大失策呢
呃，業務主任……
呵呵
聽好！
你如果是大廠的業務人員，批發商就會拼命幫忙賣，
因為要是不這麼做，你就不會再找他們。
下次會把缺貨的人氣商品出給你們
太感謝了！
可是，如果是大和罐頭，應該就不可能這樣啦！
雖然商品很好，但是大廠也出罐頭……
請務必幫忙！
……沒辦法
那你說，除此之外還能怎麼賣!!
我默默聽你講，沒想到你愈講愈過分!!
既是弱者……
弱者就要打近身戰!!
咻

應該仿效的是越戰中，南方民族解放陣線對美軍的作戰方式！
噠噠噠 噠噠噠
時候未到，再多引誘敵軍一些!!
美軍的空襲，就是強者採取的遠距戰打法；
相對的，深入敵營的地面游擊戰，稱為近身戰。
南方民族解放陣線的近身戰使美軍陷入混亂，所以，雖然他們和美軍之間有莫大的戰力差距，
最後還是獲得勝利。
哇—
哇—
西貢

啊～原來如此，要拿竹矛……
那麼……
咚咚咚咚咚
大廠
大廠
大廠
廣告
打折
贈品
促銷
打折
贈品
批發
批發
幫我們賣罐頭!!
不從的話……
大和
大和
咦
怎麼可能做這種事!!
好了好了，各位，
在作戰之前，要不要先填飽肚子？
鯖魚罐頭加上根曲竹與洋蔥，做成紅味噌湯，
聽說這是信州的當地料理。
噢，這是……
很不錯!!
不愧是店長！
商業上的近身戰，就是貼近顧客的作戰方式。
可以走直銷路線，或是採取造訪超市等銷售通路的下游作戰……
不靠批發的力量，以自己的力量銷售。

沒錯！
弱者要培養自己賣光商品的能力!!
只要建立銷售網，東西就能賣，這對弱者是行·不·通·的啦！
大叔!!
唔唔……
對啊！
在超市烹煮使用這種鯖魚罐頭的味噌湯，當場現做現賣，或許不錯……
可是，有必要刻意這樣……
沒錯沒錯!!
熱量低又健康!!就算只是鯖魚罐頭，只要花點工夫，就能做成更有價值的餐點！
而且很便宜！
近身戰如果打得好，不就很有一戰的可能嗎？
欸，真的嗎?!
哼，哪可能這麼容易!!
呃呃！
快點!!有多少鯖魚罐頭都帶去!!
好了，趕快走吧!!

好價格超市
多摩店
可、可是，我身為社長，做這種事……
我不是說要培養自己賣光商品的能力嗎!!
所以我說只要用我的銷售網就好了嘛!!
我早說了～那種方式已經行不通啦！
鯖魚罐頭呀……
我們已經在賣食品大廠哈尼荷的商品了耶～
辦公室
我們開發出熱量比其他公司產品低很多的鯖魚罐頭，可以充分滿足近年來民眾對健康的追求。
進貨口
可是～
我們已經策劃好「趕走代謝症候群」的活動，請務必讓我們在這裡……
林先生，您曾經待過食品大廠，可以理解吧……
欸，減少？這樣呀，真是遺憾吶～～你們想多進水果罐頭一事，就有點困難了，別家也希望我們出給他們……
如果我們減少大廠的量，他們可能會抽掉促銷費，
或是不把人氣商品出給我們……
哈尼荷
好啦，沒辦法了，大和罐頭就死心吧！
那麼，能不能幫點忙，五個十個也好……
唉，你這樣講我也……
我們的賣場面積也有限啊……
唔……
以前你就是這麼做的，對吧？

鏘
撲鼻～香
這、這是?!
本來是想讓多摩地區民眾嚐嚐它的味道，真遺憾！
那我們去隔壁的超市好了……
搶過
請、請等一下！
這該不會是北信州口味的鯖魚味噌湯吧?!
店長，你是北信州地區的人嗎？
沒錯。哎呀，好懷念的味道～
好、好吃……
有媽媽的味道
蕎麥麵和野澤菜這些信州名產都很出名，在東京也買得到，但是……
用鯖魚罐頭搭配根曲竹做成味噌湯，這種北信州的家庭風味，東京可就沒有了吧，
這一帶有很多信州出身的人，我想不少人應該都會懷念家鄉風味。
沒錯啊
呼
呼
這道菜色新奇，就算不是信州人，我想應該也會接受。
所以我們還是去別的地方辦活動好了。
打擾您了！
怎麼這麼乾脆就……
緊抓
請在我們這裡辦!!
請務必在這裡辦！

真的嗎？
微笑
呃，那個……
不好意思
我希望讓多摩地區的客人也能嚐到這樣的味道！
那麼，下星期六如何？星期日都是大廠在辦活動，我們就錯開。
嗯，好！
好價格超市快報
多摩店
打垮代謝症候群活動
北信州口味的鯖魚味噌湯
找到你了，代謝症候群!!
嚐嚐我的鯖魚飛踢!!
各位小朋友，大家來吃大和罐頭的「代謝症候群吃鯖魚，罐覺超棒」，打敗代謝症候群怪獸吧!!
代謝症吃鯖
可是，為什麼得打扮成我這副模樣啊
好－
這位太太！要不要消滅你先生的代謝症候群？
減肥也很適合!!
各位，我來介紹用鯖魚罐頭製作的北信州當地料理吧。

這是鯖魚罐頭加根曲竹的味噌湯～
怎麼樣呢
這、這個好吃！
哇—好懷念的味道呀!!
噢!!老家媽媽的味道!!
這個好好吃！
當宵夜好像也不錯。
哇，真的！
我是考生，吃魚也很不錯呢—
我要三罐裝的兩包。
謝謝惠顧
啊，我也要!!
我要三包!!
趕快回家做看看。
我也來買好了。
好啊～
蘭老師！
好久不見了！
啊，改建公司的佐藤先生！
近來好嗎？
你好
託您的福～
公司經營得很順利，現在在辦廚房的改建展。
你很努力嘛
老公，要不要在廚房的烹飪展示中做這道料理？
感覺很健康，……買一些罐頭送人也不錯吧？
啊！

代謝症
鯖魚
請多指教
彼此彼此
太好了
看起來很不錯耶，這樣子就證明商品很有實力。
是！
人就是要做給他看、說給他聽、讓他做做看再誇獎一番，他才會動起來。
這是大日本帝國海軍山本五十六大將所講的話，
我認為製造商與批發商之間的關係也一樣。
直銷部隊持續在店頭辦活動的同時，也讓批發業者看看實際成果及熱鬧景象，促使批發銷售網動起來！
過去我都是在大廠的力量下工作，現在我清楚知道，在這裡是行不通的。
我學到了一課
店長，我是多方公司的鈴木，之前謝謝你的幫助。
啊！這位也是好久不見了
你是業務主任嗎？我們有個顧客是食品郵購公司的社長，他想找大和罐頭談談。
你對推網購有興趣嗎？
穿成這樣，失禮了
很有興趣，我們一定要好好談談。
太好啦！

戰役4解說

弱者的通路策略「近身戰」

1 稱霸通路就能稱霸市場

通路策略要考量的，就是要透過什麼樣的管道銷售。

我個人把通路與商品、地區、顧客（客層）並稱為四大策略課題，但不知道是不是因為通路比較抽象、很難感覺到，許多人都會輕忽它。然而，**稱霸通路就能稱霸市場**。

日本可口可樂公司推出的喬治亞咖啡，之所以在罐裝咖啡市場成為第一強，就是因為該公司的自動販賣機設置台數遠比其他公司多。

此外，通路的變化有時候會引發弱者贏過強者的大逆轉。日本文具業界第二名的弱者ＰＬＵＳ，由於當初率先著手發展郵購這種新的銷售管道，成立了郵購品牌「ＡＳＫＵＬ」，因此在該領域贏過了強者ＫＯＫＵＹＯ。

雖然ＫＯＫＵＹＯ後來也推出「購買網」，但已經不是ＡＳＫＵＬ的對手。

而且，日本的文具市場明明已經飽和，卻唯有文具郵購仍在成長，ＫＯＫＵＹＯ也算是運氣差。結果，原本ＫＯＫＵＹＯ和ＰＬＵＳ之間有段差距，現在卻全然改觀，幾乎旗鼓相當。

那麼，為什麼強者ＫＯＫＵＹＯ之後推出的「購買網」，會打不過弱者ＰＬＵＳ率先推出的「ＡＳＫＵＬ」呢？我認為，不該說ＫＯＫＵＹＯ「明明是強者，卻竟然輸了」，要說它「因為是強者，所以輸了」。

ＫＯＫＵＹＯ就是因為手中握有代理店、特約店、零售店購成的強大通路網，才成為強者。這些代理店、特約店、零售店都是ＫＯＫＵＹＯ的重要顧客，也是夥伴。有他們，才有ＫＯＫＵＹＯ。但郵購事業等於是和既有的這個通路網分食大餅，因此，應該是出於維護既有通路的考量，ＫＯＫＵＹＯ一開始才會沒有發展「購買網」的打算。

隨著時代變化，規模較大也可能成為負面因素。據說，過去恐龍就是因為體型大、無法因應環境變化，才會滅絕。

柔道的精髓在於活用對手的力量「以柔克剛」，同樣的，**在通路發生變化時，利用對手的力量，也是千載難逢、弱者逆轉勝的大好機會**。

銷售管道可分為直接銷售與間接銷售。所謂直接銷售，就是製造商不透過批發業者，直接將產品賣給消費者或使用者等顧客。郵購也是一種直接銷售。間接銷售，則是透過批發業者或零售商將商品賣給最終顧客。批發業者多半包含大盤、中盤等多個環節，一般來說，大盤稱為經銷商或代理商，中盤稱為特約店。

而直接銷售與間接銷售各有其利弊。

在市場仍處於成長前的導入期，或是處於已飽和、正走向衰退的飽和期之後，直接銷售的方式比較有利。這是因為，與顧客密切接觸以培育或維護市場很重要。

在市場正在成長的成長期，以及成長已經趨緩但仍在成長的成熟期，則是間接銷售的方式較有利。這是因為，一口氣擴大通路，使商品能夠大量流通很重要。

在需求低迷的不景氣時期，直接銷售較有利；在需求活絡、景氣好的時期，間接銷售較有利，也是出於同樣原因。

和批發業者合作的間接銷售，隨著市場進入不同階

直接銷售與間接銷售

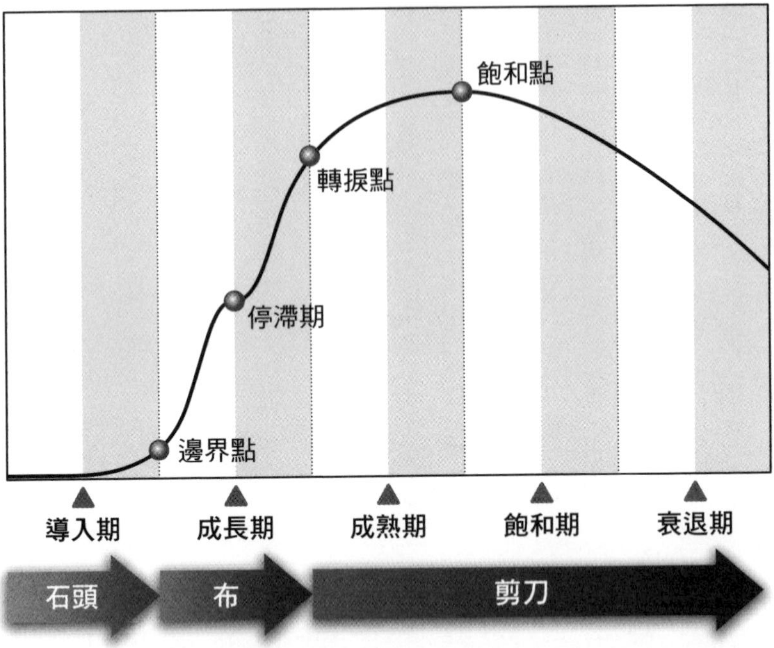
飽和點
轉捩點
停滯期
邊界點
導入期
成長期
成熟期
飽和期
衰退期
石頭
布
剪刀

	直接銷售	間接銷售
市場階段	導入期及飽和期之後	成長期與成熟期
景氣動向	不景氣	好景氣
市場地位	弱者	強者
產品特性	說明型	完售型

段也應該調整方針。

在需求不夠活絡的導入期，是鎖定與少數批發業者合作，像猜拳時的「石頭」一樣，在市場中打出一個突破口。

進入成長期後，供給量隨著需求擴大而增加，再加上產品線及客層擴大，也必須增加與批發業者的合作以因應，像猜拳時的「布」一樣，抓住整個市場。

進入成熟期後，必須在白熱化的競爭下確保利潤，因此要重新規劃擴大後的銷售管道、選擇與集中，並製造差異化，像猜拳時的「剪刀」一樣。這稱之為**「剪刀石頭布理論」**。

產品特性，也會形成其銷售方式上的有利與不利。說明型的產品，像是因應顧客需求提供不同內容或用途的產品、必須詳加說明用法的產品，及高價但使用頻率低的產品等，適合採取直接銷售方式。這是因為這類產品的推廣活動需要高度專業知識，很難要求批發零售業者完全具備。

相對的，無須說明使用方式、低價且使用頻率又高的一般消費性商品，則是採取間接銷售方式較有利，因為這樣可以迅速大量流通。

批發零售業者也會想銷售不太需要說明、易懂而好賣的產品。因為他們的立場就是「賣能賣的東西」，因此理所當然會以這種角度思考。

所以，他們想賣的是該產品類別中的頂尖品牌，也就是蘭徹斯特策略所定義的強者產品。甚至可以說，無法經銷頂尖品牌（強者產品）的批發業者，其存在意義令人存疑。所以說，強者採取間接銷售的方式較有利。

充分活用批發銷售的力量、打**「遠距戰」**，是強者的基本策略。採取不劃分批發區域等方式，讓多家批發商在得共同分食大餅的心理準備下彼此競爭，也是很有效的做法。這是一種重複配置公司力量，不讓弱者可見縫插針的**「機率戰」**思維。

從批發業者的立場來看，弱者產品是可有可無的商品，應該不太會有批發業者有多餘能力推銷不賣的產品吧。

就算產品性能還算不錯想要賣賣看，有時候也會因為與強者製造商之間的關係而愛莫能助。因此，弱者的業務不能仰賴批發業者。

弱者必須培養自己賣光商品的能力，而基本策略，是接近最終顧客的「**近身戰**」銷售方式。弱者由於在間接銷售下難以取勝，所以應該強化直接銷售。而就算像推廣一般消費性商品那樣採取間接銷售方式，還是應該發展與零售據點或最終用戶據點接觸的「**下游作戰**」。

由於直接與間接銷售各有利弊，如何運用非常關鍵。景氣會有循環，製造商手中有成長期的產品，也有飽和期的產品。最重要的是，有強者產品也有弱者產品。

因此，與其百分之百採取直接銷售或間接銷售，不知分頭運用再取得平衡會更好。這稱之為「**直間接比率**」。而50對50的比率可以因應各種狀況，最為理想。

2 戰役3、4中，大和罐頭由敗轉勝的轉捩點

大和罐頭原本的做法，是生產與大廠同等的產品，再以稍微便宜的價格銷售。

在市場處於成長期時，弱者跟隨大廠固然能獲得一些好處，但在市場進入呈現縮小趨勢的飽和期後，這種方法就行不通，弱者會變成陷於強者誘導戰中的「喪家犬」。

故事中，小蘭也告訴大和罐頭的經營者，要採取差異化策略。弱者不能想讓人人都接受，要建立自己的特色，且差異化策略要深入淺出，該公司才開發出兼具「好吃×高營養價值×超低卡路里」三項特色的出色產品。接著，大和罐頭又為產品取了「代謝症候群吃鯖魚、罐覺超棒」這種奇擊式的產品名稱，在市場中推出。

到此為止都沒問題，都是照著戰役3的建議走。

然後，社長找來曾服務於大型食品製造商的業務老

手，由他拓展食品批發業者的銷售管道，在全國建立銷售網。然而，商品完全不賣。因為這根本是強者的通路策略「遠距戰」的做法。

產品再怎麼具差異性，批發業者還是不會積極銷售弱者製造的產品。這一點，第二代社長並未察覺。

批發業者就算覺得弱者的產品有競爭力，還是會比較重視強者的產品，對弱者的產品不會積極、主動。一方面是不知道會不會賣，一方面也是因為賣下去可能會影響與強者製造商的關係，因此不能賣。不過，只要證明產品能賣，他們還是會賣。因此，弱者只要實際證明產品能賣就行了，這就是近身戰的目的。

以大和罐頭的例子而言，也可以採取網路銷售等直接銷售方式，或是走合作社等路線，直接將食材宅配到府。但是，如果要在超市等既有的銷售管道銷售，就不能不管批發業者，因此要展開下游作戰。所謂的下游作戰，就是除了代理商、特約店等批發業者外，也拜訪零售店或使用者的業務活動。

下游作戰的效果，首先會呈現在增加營收上。因為就算不是平常來往的批發業者而是製造商來訪，零售業者與使用者的滿意度還是會提高，因此可以連結到營收上。

其次，批發業者如果實際目睹商品暢銷的狀況，一方面既獲得商品可望暢銷的證據，一方面也會理解銷售時該強調的重點。了解製造商的認真程度後，批發業者的業務負責人，就會感受到這個產品確實值得自己認真去賣。

第三，製造商直接與顧客接觸，可實際感受到顧客需求與市場變化。這些資訊可以回饋到接下來的生產與銷售策略上。

第四，由於市占率不是以製造商的出貨量來看，而是在銷售終端以區域或店鋪為單位來看，因此可藉此選定重點區域、重點批發管道，以及重點顧客。這就是在戰役1解說過的地毯式查訪。戰役5中會說明，如何運用此一調查結果制定業務策略。

在故事中，蘭徹斯特的店長說：「人就是要做給他看、說給他聽、讓他做做看再誇獎一番，他才會動起來。」

這是下令攻擊珍珠港的山本五十六大將講過的話，是用人與培育人才的奧祕之所在。現在，我把他這番話轉換為弱者製造商面對批發商的對策。

「批發商就是要賣給他看、教他怎麼賣、讓他賣賣看再誇獎一番，他才會動起來。」

戰役4　重點整理

1 稱霸通路就能稱霸市場。在通路發生變化時利用對手的力量，是千載難逢、弱者逆轉勝的大好機會。

2 作戰方式必須因應市場階段的不同而改變。在市場的導入期要採取「石頭」策略，成長期要採取「布」策略，成熟期以後要採取「剪刀」策略。亦即導入期要採取直接銷售方式或下游作戰，成長期要以間接銷售擴大通路，成熟期要選擇與集中通路，以及製造差異化。

3 弱者應重視直接銷售，強者應重視間接銷售，但二者各有長短，要注意直接和間接銷售的比率與平衡。

4 弱者要培養自己賣光商品的能力，採取近身戰的方式接近最終顧客。下游作戰則是與間接銷售業者共同造訪零售點或終端用戶，藉以促進銷售的活動。

5 強者要以活用批發力量的遠距戰方式作戰。透過廣告行銷等方式直接訴諸顧客，或是採行會讓顧客指名購買的行銷活動，也屬於遠距戰。採取不劃分銷售區域的方式，讓批發業者建立得共同分食大餅的心理準備，將可重複配置公司力量，打一場不讓弱者可見縫插針的「機率戰」。

戰役 5

第一強主義

你是不是以為只要成為第一名就夠了？

幸運藥品東京分公司
如前所述，我們城南營業所的全體成員團結一致、努力衝業績，結果……
市占率終於在地區內超越了五世堂——
成為期待已久的第一名！
啪
啪
啪
啪
由我門倉所率領的城南營業所，終於一償夙願，在區域內的市占率衝到第一名。
——然而……
唔……
分社長？
門倉，各家業者的市占率如何？
我看看。

嗯——
我們公司30%，五世堂25%，鈴森、阿薩姆、未來集團各是15%。
醫療用藥品批發業者
在城南地區的市占率分布
幸運 30%
五世堂 25%
鈴森 15%
阿薩姆 15%
未來集團 15%
這樣呀……
好，等一下我有話和你說，你留下來。
怎麼了嗎……？
我做錯什麼嗎?!
是、是……
幸運藥品東京分公司
那個……分社長？
門倉，
請你想辦法把我們的市占率衝到35%以上。
神林分社長，
雖然你這麼說，但我們營業所的每個人，都已經拼到極限了，
實在無法再……

這是我珍惜一輩子的寶物。
蘭徹斯特酒吧……？
BAR LANCHESTER
你去找這家店的店長。
是、是……
通關密語是「我要蘭徹斯特」。
BAR LANCHESTER
……不過，這種地方會有什麼名堂？

歡迎光臨！
那個～
店長是您吧？
沒錯……
「我要蘭徹斯特」。
我們公司的分社長神林，要我來這裡找店長您……
神林先生說的？
這樣呀，可是，真不湊巧，我已經退休了，所以……
啊，這樣呀……
不過，已經有人接替我，成為傳授蘭徹斯特的人了……
你要找她嗎？
好，拜託你了！

沒問題，
那麼……
蘭徹斯特一份！
來～～～了
呵欠～
這、這個女孩傳授蘭徹斯特……？
我就是蘭徹斯特的推廣者星野蘭，你有意見嗎？
呃，沒、沒有……
呵欠～
原來如此啊。那個分社長曾經接受過店長的指導是吧。
可是，我們已經是地區第一名了耶!!

一直拚，一直拚，所有人團結一致，總算……總算成為市占率第一，可是……
咕嚕咕嚕
大家加油——!!
精力飲料
嘿，假日上班也值得了！
成功了！纏功奏效啦～
明明都這樣了!!
他卻說市占率還要再多5%!!
喀
為什麼非得35%不可呢？為什麼?!
你說——!?
你已經喝醉了嗎？
35這個數字本身沒有意義，問題是在於和第二名間的關係。
和第二名的關係？
幸運藥品
五世堂
30%
25%
在目前的狀況下，若能取得35%的市占率，就能成為第一強。
「35」就是這樣來的。
什麼第一強！我們的市占率已經是地區內第一名啦。
第一名
幸運藥品
五世堂
30%
25%
你並不會因為是第一名，就變成第一強，知道嗎！
哪有這樣的！只是不同的說法而已吧?!
五世堂
幸運藥品

在蘭徹斯特策略中，所謂的第一強就是——
遙遙領先的第一名!!
第一強
這和純粹的第一名並不同!!
到底要我說幾次啊!
呃，我是第一次聽到啊……
現況下，你們會變成和第二名打消耗戰，無利可圖吧。
沒錯，第二名的五世堂也拼命降價、提供各種優惠，我們若不反制……
我們賣這價錢……
我們打折到這種水準
幸運藥品
五世堂
雖然無利可圖……
雖然不划算，但不能輸……
對吧!
拿到第一名就滿足，這樣是不行的!
幸運藥品
五世堂
要拉開和第二名的距離，成為第一強!

第一強與純粹的第一名，真有差那麼多嗎……
可是35%……
不一樣喔，利潤會大增，最重要的是地位更穩固。

你們應該仿效的是
終結戰國時代、開啟江戶幕府的德川家康！
相對於豐臣政權到第二代就潰敗，德川政權持續了十五代。
雖然有各種因素，但最重要的因素之一是，在德川政權下，幕府的財力遠勝過其他諸侯。
將軍家直轄領地
400萬石
旗本親藩
400萬石[1]
800萬石

1　「石」是以轄下領地預估米穀收成量的單位，一「石」相當於一個成年人一年的食米量，因此每石可以屯養一個士兵。其數字多寡既代表財富，也代表兵力強弱。

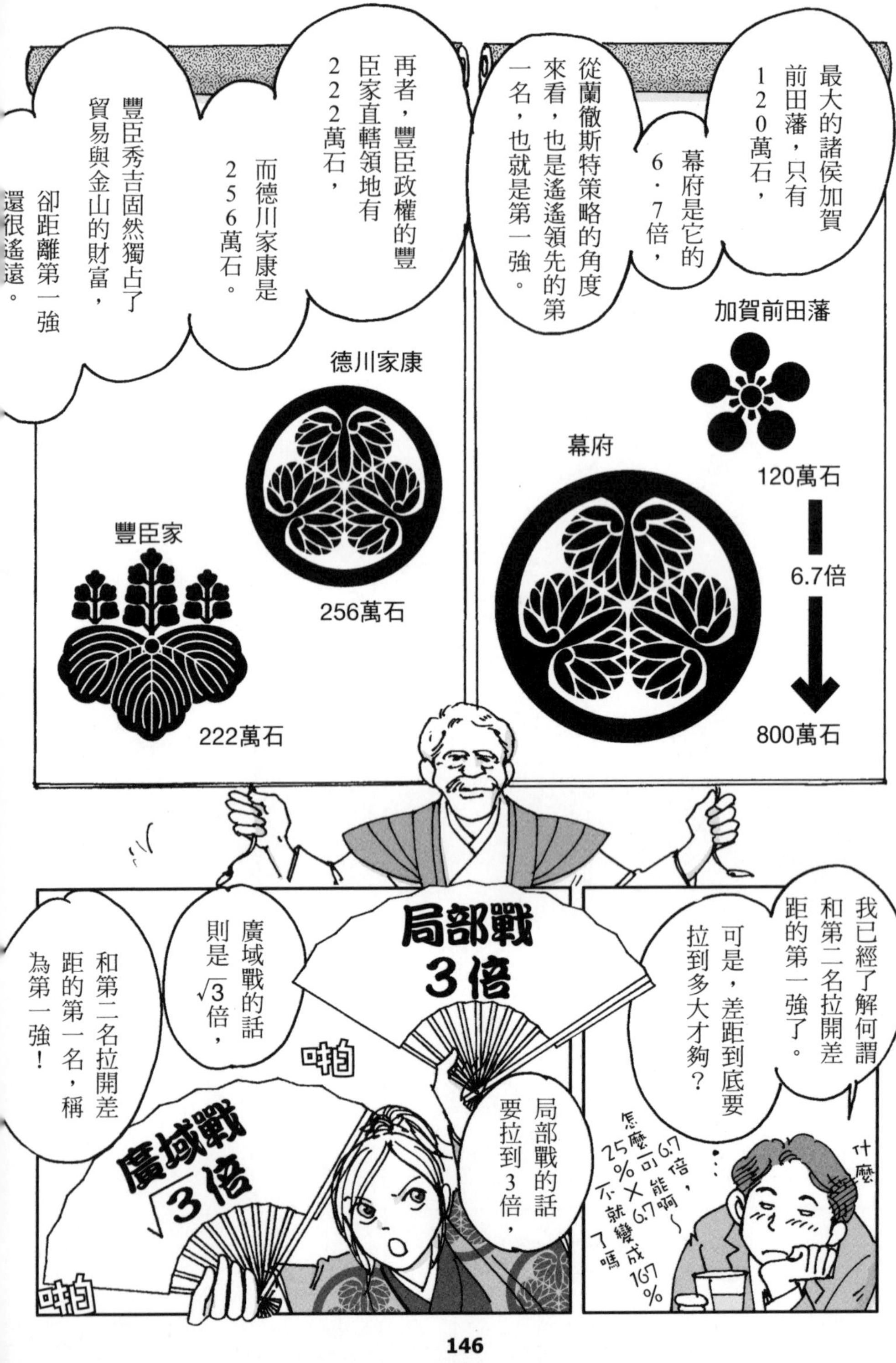

最大的諸侯加賀前田藩，只有120萬石，
幕府是它的6．7倍，
從蘭徹斯特策略的角度來看，也是遙遙領先的第一名，也就是第一強。
加賀前田藩
120萬石
6.7倍
800萬石
幕府
再者，豐臣政權的豐臣家直轄領地有222萬石，
而德川家康是256萬石。
豐臣秀吉固然獨占了貿易與金山的財富，
卻距離第一強還很遙遠。
德川家康
256萬石
豐臣家
222萬石
我已經了解何謂和第二名拉開差距的第一強了。
可是，差距到底要拉到多大才夠？
什麼
6.7倍，怎麼可能啊～
25%×6.7不就變成167%了嗎
局部戰3倍
局部戰的話要拉到3倍，
啪
廣域戰的話則是√3倍，
和第二名拉開差距的第一名，稱為第一強！
廣域戰√3倍
啪

局部戰……？
廣域戰……？
局部戰
廣域戰
以藥品批發業而言，請用以下角度來看——
局部戰
・若為自行開業的醫生，就是藥品在該診所的占有率
・若為大醫院，就是藥品占每個醫生用藥品的比率
30%
50%
35%
25%
15%
廣域戰
・地區內所有開業醫生
・所有大醫院
35%
35%
我們營業所的顧客只有開業醫生而已，所以……
應該是下面這樣吧。
局部戰
・以開業醫生為單位
廣域戰
・以營業地區為單位
在廣域戰下，營業所只要成為第二名的$\sqrt{3}$倍就行囉，
5%
我收下了！
幸運藥品
五世堂
只要你們從第二名手中搶走5％市占率……
35%
20%
幸運藥品
五世堂
第一強
$35\% > 20\% \times \sqrt{3}$
這樣呀!!
分社長所講的35％是有根據的！
沒錯——
唔，因為以前是我教他的嘛……

可是……
惡魔
魔鬼
我們營業所已經拼到極限，
我沒辦法讓部下更拼了……
沉重
你是惡靈嗎……？
我哪有說工作要更拼命？
只要維持和目前相同的工作時間，市占率就能提高喔！
啊，我懂了～要讓感冒流行起來之類的……
咳！咳！
咳！
咳！
啊哈
真是的！你自己感冒去吧！
哇
你是不是已經調查好這些資訊了？
①顧客的採購額排名
②各顧客的進貨來源占有率
③每個月與顧客的接洽次數
有，有！
神林分社長要我準備了。
那，先來做ABC分析吧。
那個～
ABC分析的話，我已經做啦～
你看～～這種資料連我也知道要準備！

很遺憾，蘭徹斯特式的ABC分析不是這樣喔，門倉先生。
呃……
門倉先生的ABC分析，並沒有反映出交易對象本身的規模。
如果不同規模的交易對象對你們公司的營收貢獻相同，排名也就會一樣。
藥品採購總額150萬
開業醫生
營收貢獻
100萬
藥品採購總額1,000萬
開業醫生
營收貢獻
100萬
A
B
C
如果變成這樣，不是很怪嗎？
啊……
蘭徹斯特式的ABC分析，是根據顧客需求規模的大中小，以及公司與其他競爭業者間的實力強弱，相互對照與排名，再決定目標顧客。
需求規模
×
錢包占有率
好了，現在根據幸運藥品城南營業所的資料，來做蘭徹斯特式的ABC分析吧。
哇哇哇……

(I) 顧客需求規模分析

首先，將顧客的需求規模依大中小（ABC）排列，明確得知各家醫院還有多少採購空間。這麼做是有意義的。
俗稱「胃納量」。

①調查顧客的需求，將採購額由高至低排列

調查營業區域內的所有需求，包括已經是顧客的開業醫生，以及和公司沒有往來的開業醫生，了解他們分別採購了多少醫藥品。

顧客名稱	採購額	占總採購額比例	累計百分比	幸運藥品	五世堂	鈴森	阿薩姆	未來	ABC分析
妻夫木醫院	2,910	9.7%	9.7%	1160	980	440	290	40	A
北村醫院	2,670	8.9%	18.6%	1740	260	360	310		A
常盤醫院	2,290	7.6%	26.2%	450	60	1680	50	50	A
長澤醫院	1,700	5.7%	31.9%		1020		680		A
高島醫院	1,450	4.8%	36.7%	870		150	270	160	A
田中醫院	1,200	4.0%	40.7%	360	600	240			A
小泉醫院	940	3.1%	43.8%		280			660	A
其他13家									
東醫院	830	2.8%	70.0%	160		580	90		B
玉山醫院	780	2.6%	72.6%	410			370		B
相武醫院	740	2.5%	75.1%	590	150				B
比嘉醫院	600	2.0%	77.1%		580	10		10	B
仲間醫院	470	1.6%	78.7%	470					B
阿部醫院	410	1.4%	80.1%			410			B
小栗醫院	350	1.2%	81.3%	100	170		80		B
深田醫院	300	1.0%	82.3%	30	20			250	B
城田醫院	260	0.9%	83.2%	10	30			220	B
上地醫院	230	0.8%	84.0%		230				B
本木醫院	200	0.6%	84.6%				200		B
香川醫院	180	0.6%	85.2%				30	150	B
伊東醫院	160	0.5%	85.7%			70		90	B
其他27家									
竹下醫院	130	0.4%	95.0%	130					C
松醫院	120	0.4%	95.4%		120				C
菅野醫院	110	0.4%	95.8%				110		C
小澤醫院	100	0.3%	96.1%		100				C
加藤醫院	90	0.3%	96.4%					90	C
西田醫院	80	0.3%	96.7%	30	20	30			C
國村醫院	70	0.2%	96.9%	40		30			C
其他33家									
合計	30,000	100.0%		9,000	7,500	4,500	4,500	4,500	

A（大）：累計百分比未滿70%

B（中）：累計百分比70%以上、未滿95%

C（小）：累計百分比95%以上

②計算所有顧客的總採購額

③各顧客採購額，占總採購額的百分比

將各顧客的採購額，除以②的總採購額

④算出累計百分比

到第二家為止的累計百分比＝第一家百分比＋第二家百分比

到第三家為止的累計百分比＝第一家百分比＋第二家百分比＋第三家百分比

……

到第N家為止的累計百分比＝第一家百分比＋第二家百分比＋……第N家百分比

⑤區分為ABC

(Ⅱ) 錢包占有率分析

接著，分析各個顧客的採購額中，各供應商（同業）的占有率。

看看有沒有哪個顧客的採購額中，公司的占有率是第二名的3倍，能成為第一強。

3倍
第一名
第二名

自己公司是第一強的話，就是a（強）

其他公司是第一強的話，就是c（弱）

沒有人是第一強時，是b（普通）

沒有交易過的對象是d

以右方的表具體來看的話……

妻夫木醫院……b（普通）

幸運藥品的占有率雖然是第一名，但和第二名間只有些許差距，並非第一強，因此是「b」

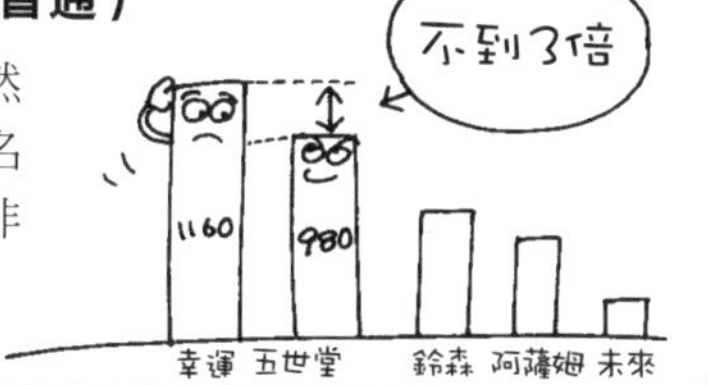
不到3倍
1160
980
幸運 五世堂 鈴森 阿薩姆 未來

北村醫院……a（強）

幸運藥品是第一名，而且占有率是第二名鈴森的3倍以上，因此是「a」

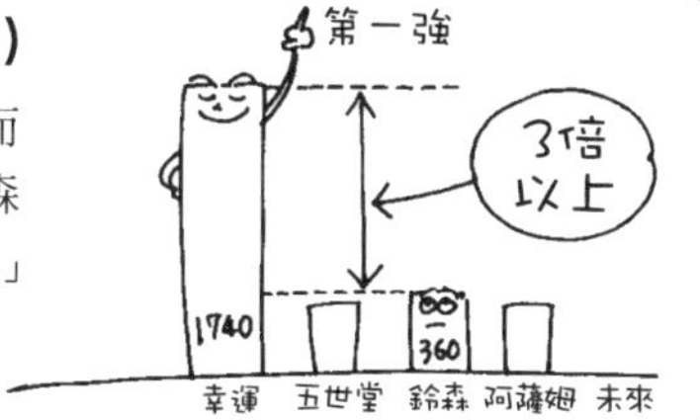
第一強
3倍以上
1740
360
幸運 五世堂 鈴森 阿薩姆 未來

常盤醫院……c（弱）

幸運藥品雖然是第二名，但是競爭對手的占有率是自己的3倍以上，因此是「c」

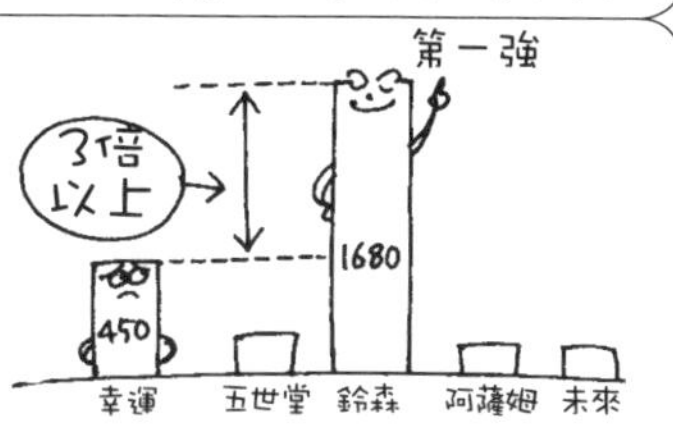
第一強
3倍以上
450
1680
幸運 五世堂 鈴森 阿薩姆 未來

長澤醫院……d

沒有交易過，因此是「d」

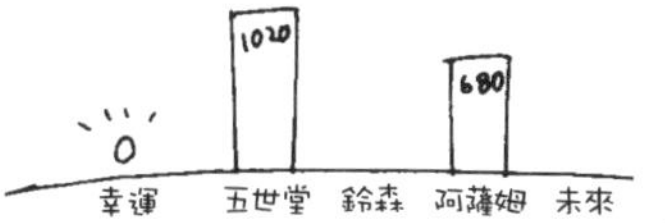
0
1020
680
幸運 五世堂 鈴森 阿薩姆 未來

若將兩者整合為矩陣，
嗶
會是這樣……

a：我們公司的地盤
b：還不是我們公司的地盤
c：其他公司的地盤
d：沒有交易過

這裡的「abcd」顯示的是「公司的勢力大小」。

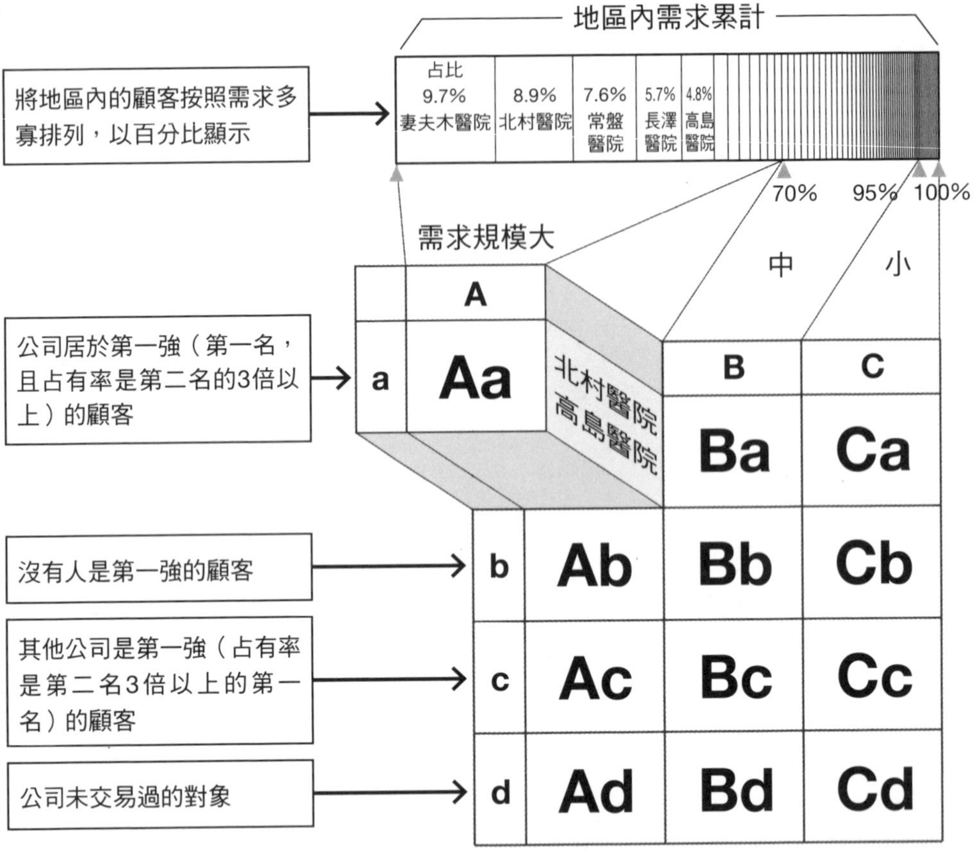
地區內需求累計
將地區內的顧客按照需求多寡排列，以百分比顯示
占比
9.7%
妻夫木醫院
8.9%
北村醫院
7.6%
常盤醫院
5.7%
長澤醫院
4.8%
高島醫院
70%
95%
100%
需求規模大
中
小
A
B
C
公司居於第一強（第一名，且占有率是第二名的3倍以上）的顧客
a
Aa
北村醫院
高島醫院
Ba
Ca
沒有人是第一強的顧客
b
Ab
Bb
Cb
其他公司是第一強（占有率是第二名3倍以上的第一名）的顧客
c
Ac
Bc
Cc
公司未交易過的對象
d
Ad
Bd
Cd

哦哦
好，我問你，
這裡頭最重要的顧客是哪一個？
第二重要的又是哪個？

那當然是需求量大，我們公司又是第一強的Aa級顧客。
它在我們的顧客名單上也是排最上面。
Aa
Ab
接下來，就是需求量大，而且有可能拉高採購量的Ab級顧客吧。

到這裡為止都很簡單，
那，第三重要的呢？
呃～這我就分不出來了，全都是我們的重要顧客啊……
真是的，你這樣讓人很焦慮耶～
身為所長的你如果不做決定，業務工作會拖拖拉拉，分不清重點何在啊！
如果你不希望部下為了市占率工作得更辛苦，就請你有效分配時間!!
是、是……
你們營業所雖然很強，但鋪貨率很低耶……
Ad
你好，我是幸運藥品的業務。
第三重要的是，等待開發為新顧客的Ad。
a
Aa
c
Ac
Ab如果不多，百分比較低的話，
也必須考慮先把Ac級的顧客升級為Ab級。
中段的Ba也很重要。
若從增加患者的角度提供協助的話，可以把處方量似乎會變多的顧客培育為A級。
Aa
Ba
協助企業健檢……
原來如此～

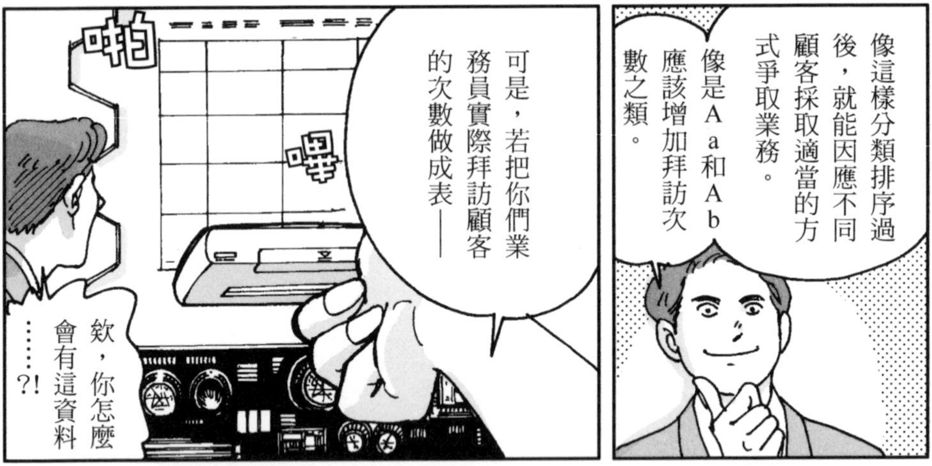

幸運藥品城南營業所　業務員拜訪客戶的次數

	A	B	C
a	Aa 3次	Ba 4次	Ca 5次
b	Ab 2次	Bb 2次	Cb 2次
c	Ac 1次	Bc 2次	Cc 2次
d（未交易）	Ad 1次	Bd 0次	Cd 0次

〈每星期平均拜訪每個顧客的次數〉

怎、怎麼會這樣呢？
怎麼可能……
那是因為……
對業務員來說，Ca或Ba的顧客比較容易推銷啊。
開開心心跑Ca、Ba顧客的業務日報
這類醫院規模較小，而且自己公司的占有率比其他公司高。
你們好～
哎呀
幸運藥品的人！
對方會希望你們多提供支援，也會需要一些資訊。
其實，關於新藥有事要麻煩您
你們有沒有今年冬天的流感資訊呢？
面對這樣的顧客，業務原本就好整以暇，對方也很仰賴自己。
在你們百忙中前來，不好意思
不會呀，沒關係
你來得正好！
所以去那裡跑業務很愉快，對方還會奉茶和招待點心。
哎呀，是這樣的
要不要再來杯茶呢？
這種顧客稱為「綠洲顧客」。
戰戰兢兢找Ab、Ac、Ad顧客的業務日報
情勢不變！
○○醫院
這類醫院規模較大，而且自己公司占有率比其他公司低。
五世堂
自己公司在那裡沒什麼重要性，就算不去拜訪，對方也無所謂。
那就麻煩你了
這是今年流感的預測資料，不嫌棄的話……
啊，我們已經有了
櫃台
五世堂
這種地方相當忙碌，前去拜訪也會戰戰兢兢的—
那個～
啊，等一下再談好嗎？
呃，下一位患者請先照X光……
業務人員就會找各種藉口不再拜訪。
反正××診所也急著要找我……
××診所
○○醫院
○○醫院下次再去好了

人一旦放任其行事，就會跑去容易經營的地方，至於難以經營的，會想辦法找藉口不去。
你好—
我也要去
××診所
○△診所
你好—
我也要去
○○醫院
所以你的意思是，再怎麼長時間工作，只要拜訪的淨是一些無助於提高業績的對象，市占率就無法增加，對吧……
似乎有必要設定業務員拜訪顧客的標準，好好管理一下業務活動～
只要以蘭徹斯特式的ABC分析，設定好要重點訪問的顧客……
可以想見營收就會增加，市占率也會提高啦——
唰落
唰落
謝謝你！
我知道為什麼分社長要介紹我來這裡了！
現在我要回營業所去，趕快……
啊，不客氣……

欸，你要回去了啊？
是的。
怎麼啦……？
沒事……
上次好像也有個傢伙聽到一半就跑掉，後來還跑回來發脾氣……
到此為止只是序章！
蘭徹斯特的精髓現在才要開始!!
把你們營業所市占率從30％提高到35％的具體方法，
你不想知道嗎？
我當然想知道！
要把結構占有率算出來！

所謂的結構占有率，就是把鋪貨率與Aa店率加起來，再除以2。
還有，結構占有率和市占率是近似的喔。
欸？
近似
結構占有率(%)＝(鋪貨率(%)＋Aa店率(%))/2 ≒市占率(%)
所以，想提高市占率，提高結構占有率就行了。
這、這是怎麼算的?!我、我不懂……
只要把具體數字放進去，你馬上就懂啦。
首先是鋪貨率。
在你們營業所的地區內，有幾家醫院？
剛好100家。
100
其中有幾家向你們採購藥品？
50家。
50

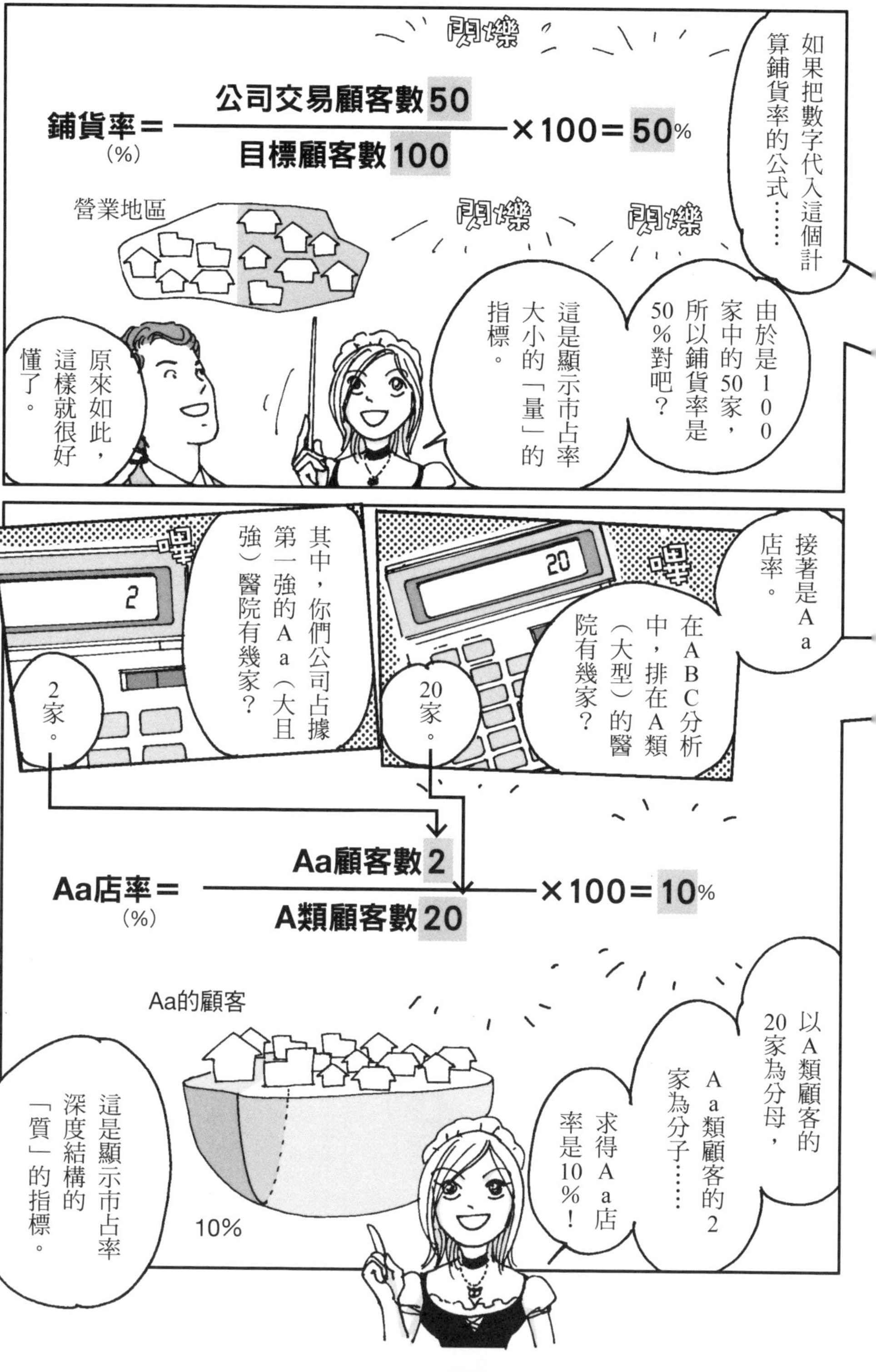
如果把數字代入這個計算鋪貨率的公式……
閃爍
鋪貨率(%)＝公司交易顧客數50／目標顧客數100×100＝50%
營業地區
閃爍
閃爍
由於是100家中的50家，所以鋪貨率是50％對吧？
這是顯示市占率大小的「量」的指標。
原來如此，這樣就很好懂了。
接著是Aa店率。
在ABC分析中，排在A類（大型）的醫院有幾家？
嗶
20
20家。
其中，你們公司占據第一強的Aa（大且強）醫院有幾家？
嗶
2
2家。
Aa店率(%)＝Aa顧客數2／A類顧客數20×100＝10%
以A類顧客的20家為分母，
Aa類顧客的2家為分子……
求得Aa店率是10％！
Aa的顧客
10%
這是顯示市占率深度結構的「質」的指標。

那麼，再把鋪貨率和Ａａ店率，代入結構占有率的公式中看看。
公司交易顧客數50
目標顧客數100
×100
Aa顧客數2
A類顧客數20
×100
代入
代入
結構占有率（%）＝鋪貨率50%＋Aa店率10% / 2 ＝30%
啊——!!和市占率相同!!
看吧
為、為什麼……？
啊——這是碰巧的吧？
碰巧？
你還真敢講啊～～～
啊，那個……
不好意思

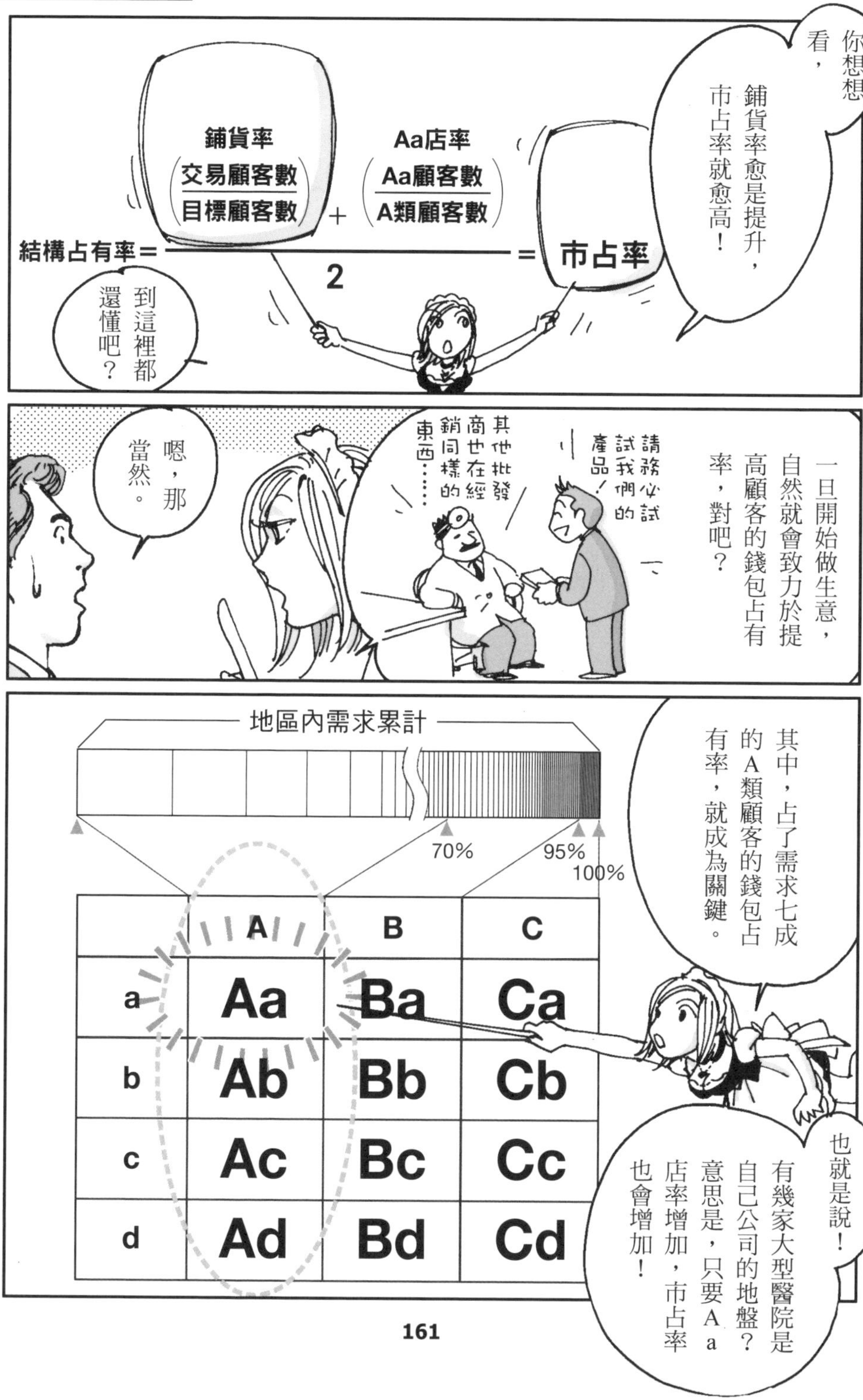
你想想看，鋪貨率愈是提升，市占率就愈高！
鋪貨率
交易顧客數
目標顧客數
Aa店率
Aa顧客數
A類顧客數
結構占有率＝ ＋ ／2 ＝市占率
到這裡都還懂吧？
一旦開始做生意，自然就會致力於提高顧客的錢包占有率，對吧？
請務必試試我們的產品！
其他批發商也在經銷同樣的東西……
嗯，那當然。
其中，占了需求七成的A類顧客的錢包占有率，就成為關鍵。
地區內需求累計
70%
95%
100%
A B C
a Aa Ba Ca
b Ab Bb Cb
c Ac Bc Cc
d Ad Bd Cd
也就是說！
有幾家大型醫院是自己公司的地盤？意思是，只要Aa店率增加，市占率也會增加！

$$\underset{(\%)}{\text{結構占有率}} = \frac{\overbrace{\text{鋪貨率}+\text{Aa店率}}^{60\to70}}{2} \fallingdotseq \overset{30\to35}{35}\%$$

好，你想把市占率變成35%對吧？
咻
30

提升鋪貨率（維持原本的Aa店率）

提升Aa店率（維持原本的鋪貨率）

鋪貨率和Aa店率都提升

原來如此，只要設定能夠讓結構占有率變成35%的組合就行了。

結構占有率	鋪貨率	Aa店率	市占率
30%	50%	10%	≒30%
35%	60%（＋10）	10%	≒35%
35%	50%	20%（＋10）	≒35%
35%	55%（＋5）	15%（＋5）	≒35%

實際代入數字的話，會變這樣——

公司交易顧客數X家 / 目標顧客數100家 ×100＝鋪貨率60%
假如維持原本的Aa店率，要提高10%的結構占有率，只要把鋪貨率從50%提高到60%就行了。
X＝60家
現況＝50家
以我們公司而言，要提高10%的鋪貨率，
就等於要再開發10家新顧客對吧！
Aa顧客數Y家 / A類顧客數20家 ×100＝Aa店率20%
假如維持原本的鋪貨率，就必須把Aa店率從10%提高到20%。
Y＝4家
現況＝2家
也就是說，把現在的2家提高為4家，
增加2家就對了。
Aa顧客數Y家 / A類顧客數20家 ×100＝Aa店率15%
公司交易顧客數X家 / 目標顧客數100家 ×100＝鋪貨率55%
第三種方法，是兩者各提高5%。
X＝55家　Y＝3家
不過，沒必要都用計算機算吧？
只要開發5家新顧客，
再增加1家Aa店，就能達成。

做得非常好！
啪 啪 啪
難得有這機會，就請您品嚐一下我們店裡特調的雞尾酒「蘭徹斯特」吧。
謝謝您……
那我就不客氣了
店長，也幫我調杯什麼吧。
那就給你喝這個我珍藏的～

託你們二位的福，我已經清清楚楚知道，
該做什麼、該進攻哪裡，
以及該怎麼分配時間了！
至於要挑選哪種方式，以及鎖定哪家顧客，就等到和第一線的業務員商量過後，
再決定就行。
我知道了～
咚
那麼，我先告辭。
感謝招待
好，這樣就有35％了！

辛苦了。
來，請用！
今天你表現得很棒，蘭老師。
你把蘭徹斯特策略的實戰精髓「結構占有率」，很完整地教給他了。
真是的，老師你別這麼講嘛。
你是我的救命恩人，這樣說我，我會不好意思。
店長，這個很好喝耶!! 它叫什麼名字？
它叫做「蘭徹斯特大師」。
是哦……

需要蘭老師的人似乎又出現了。
好像是耶。
！
這個世界上，有許多商業中的弱者，都需要蘭徹斯特策略。
請你幫幫這些男男女女吧。
嗯
走囉，切斯！
那我去去就回來！
好了，快去吧。
喵
2008.12.1

客戶分級與業務策略

1 從幸運藥品城南營業所看占有率的科學

蘭徹斯特策略，是一個指導你「如何依不同市場地位作戰」的原理。

所謂的地位，就是市占率。市占率第一的公司定義為強者，第二以下的公司則定義為弱者。再者，位居第一名而且已經拉開市占率、把第二名排除在射程以外的遙遙領先者，則定義為第一強，這是企業要透過競爭達成的目標。

此外，也要徹底追求市占率的提升。

蘭徹斯特策略把一些概念系統化，像是該拿多少市占率、該把與敵手間的市占率拉開到多少，對方就很難逆轉情勢，以及競爭型態會如何變動等等，因此它有「占有率的科學」之稱。

公司應該要有多少市占率？**首先要以七個象徵性目標值，做為判斷標準**，如左頁的表所示。要先確認的是現況，也就是目前的市占率相當於這七個數值的哪一個，並在訂定短期、中期、長期市占率目標時列為參考。

以本章幸運藥品城南營業所的例子來說，該單位目前處於以30％市占率躍升為第一名的階段，也就是已經達到26．1％這個下限目標值。

雖然已達成市占率第一名的最低條件，但由於和第二名之間沒有太大差距，處於不知道何時會遭競爭者逆轉的不穩定狀態。第二名為了扭轉乾坤，應該會採

市占率的七個象徵性目標值

73.9%	上限目標值	幾乎是獨占狀態，處於絕對安全的地位。
41.7%	安定目標值	很多企業都把40%設定為目標值，因為這樣就能取得絕對有利的穩固地位。
26.1%	下限目標值	立於領先地位的起碼條件，介於穩定與不穩定之間。如果低於這個數值，就算是第一名，地位也不穩固。
19.3%	上位目標值	在各個競爭者實力介於伯仲之間的狀態下進入領先群，算是弱者群中的強者。
10.9%	影響目標值	足以對市場整體造成影響，正式進入爭奪市占率的狀態。10%為立足點。
6.8%	存在目標值	其他對手會把你當競爭者看待，但尚無關鍵影響力。有時候，是否低於這個數值也可當成退出市場的判斷標準。
2.8%	據點目標值	幾無存在價值，但可以當成形同灘頭堡的市占率。到2.8%為止，適合採用進入市場的策略，2.8%起就適合採用競爭策略。

表中數值是如何推導出來的，請參閱「特別附錄：蘭徹斯特策略的30個共通語言」的❸❹❾。

取降價、免費服務、免費招待等消耗戰，因此第一名還不能高枕無憂保有穩固利潤。

這種狀況下，它的中期目標應該鎖定41．7%的安定目標值。為此，必須設定短期目標，也就是要拉開差距到成為第二名的$\sqrt{3}$倍（約1．7倍）以上，成為第一強。

第二名是市占率25%的五世堂，若對方維持25%的現況，幸運藥品就必須拿下25%×$\sqrt{3}$＝43．3%的市占率不可。這個數值剛好略高於41．7%的安定目標值。

不過，若鎖定五世堂為攻擊目標，研擬從它身上奪取市占率的話，又是什麼樣的情形？只要從五世堂那裡拿到5%市占率，公司就有35%市占率，五世堂就是20%，公司和對方的差距拉開到$\sqrt{3}$倍，成為蘭徹斯特策略中定義的第一強。短期目標就定在這裡。

集中攻擊比自己低一名的企業，稱為**攻擊「下方競爭者」**的原則。這也是小蘭一再傳授的「在易勝之處勝之」的觀念。

這是意識到雙方之間的射程距離，把距離拉開到對方的射程外，進入難度更高的射程範圍內。此時，該取得多少市占率？

第二個判斷市占率的標準，稱為射程距離理論。所謂的射程距離，是從「3：1法則」（三一法則）推導出來的，也就是只要以敵軍的3倍物力作戰，毫無疑問必勝。

若屬於著重顧客錢包占有率的蘭徹斯特第一法則型的戰役，要把差距拉到第二名的3倍；其他所有事業則視為第二法則型，而由於兵力數是平方值，因此就往回推，把平方之後會等於3的$\sqrt{3}$倍視為射程距離。

2 蘭徹斯特策略的占有率提升策略

那麼，市占率該如何提升？大體上有兩種方式。其中一種是，藉由廣告宣傳等方式，向消費者或終端用戶傳遞訊息，從最終顧客的心中奪取占有率、促使顧客指名購買你的商品。這稱之為「**拉動策略**」。

在蘭徹斯特策略中，它相當於強者五大戰法裡的「**遠距戰**」、「**整體主義（物力戰）**」。拉動策略是有利強者的方式，但網路普及使得弱者與小公司也能夠傳遞訊息，所以現在弱者也能打遠距戰。只不過，弱者的物力依然居於劣勢，因此拉動策略毫無疑問仍是個有利強者的戰場。

另一種提高市占率的方式，要在產品流通的階段實施，稱為「**推動策略**」。它是接續戰役1後面第四十五頁解說過的區域策略的實務步驟一至四，採取以下步驟。

步驟五：蘭徹斯特式ＡＢＣ分析（將客戶分級的方法）

步驟六：設定提升市占率的目標以及構思策略（鋪貨率、Ａa店率、結構占有率的活用）

步驟七：策略實戰（業務員時間的最適分配）

步驟五　蘭徹斯特式ＡＢＣ分析（將客戶分級的方法）

蘭徹斯特式的ＡＢＣ分析，首先要根據顧客的需求規模，把顧客分為ＡＢＣ三類，由需求規模最大的顧客往下累積。

Ａ類是累計百分比未滿70％的顧客，Ｂ類是累計百分比70％以上到未滿95％的顧客，Ｃ類是累計百分比95％以上到１００％為止的所有剩下的顧客。所謂的Ａ類，就是占整體需求70％的大顧客；Ｂ類，就是占整體需求25％的中顧客；Ｃ類，就是占整體需求５％的小顧客。

在統計上，Ａ：Ｂ：Ｃ的比值，平均來說是1：2：2。若以一百家為分母，其中二十家是大顧客，占整體需求70％。Ｂ類有四十家，占需求25％；Ｃ類有四十家，只占需求的區區５％而已。

請注意對公司而言，Ａ：Ｂ：Ｃ顧客的比例，Ａ類

業務員的活動分析（例）

1.把業務支援系統當成日報、行事曆使用

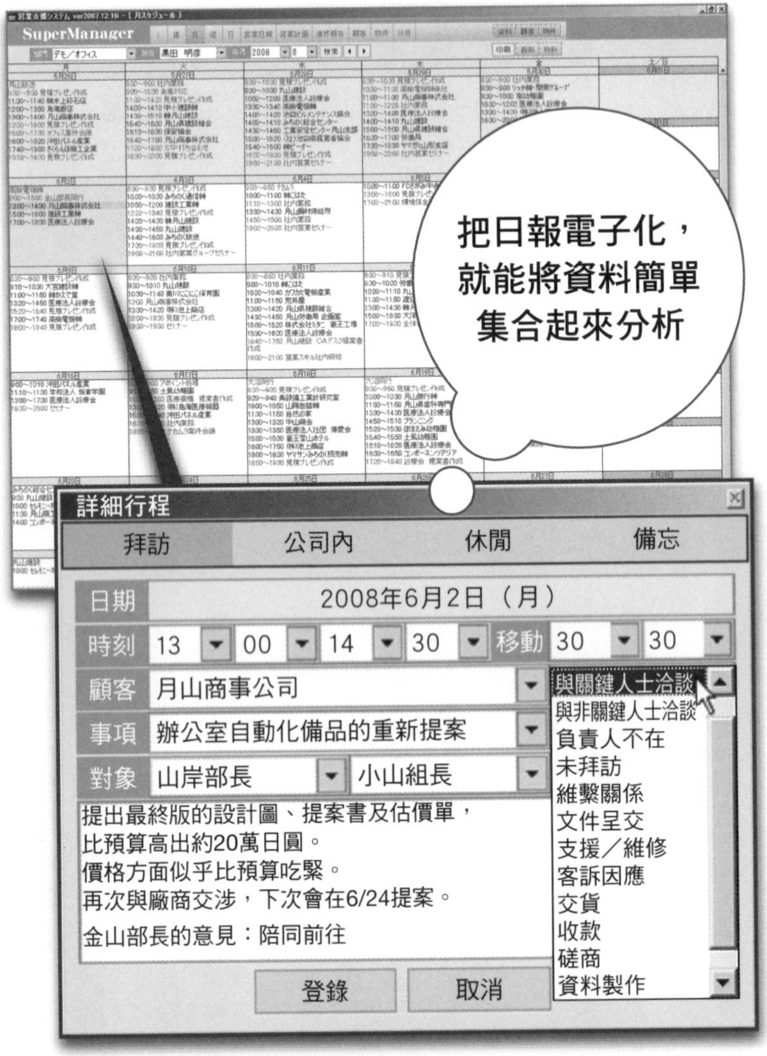

業務員的活動分析(例)

2.活動分析①　活動項目別

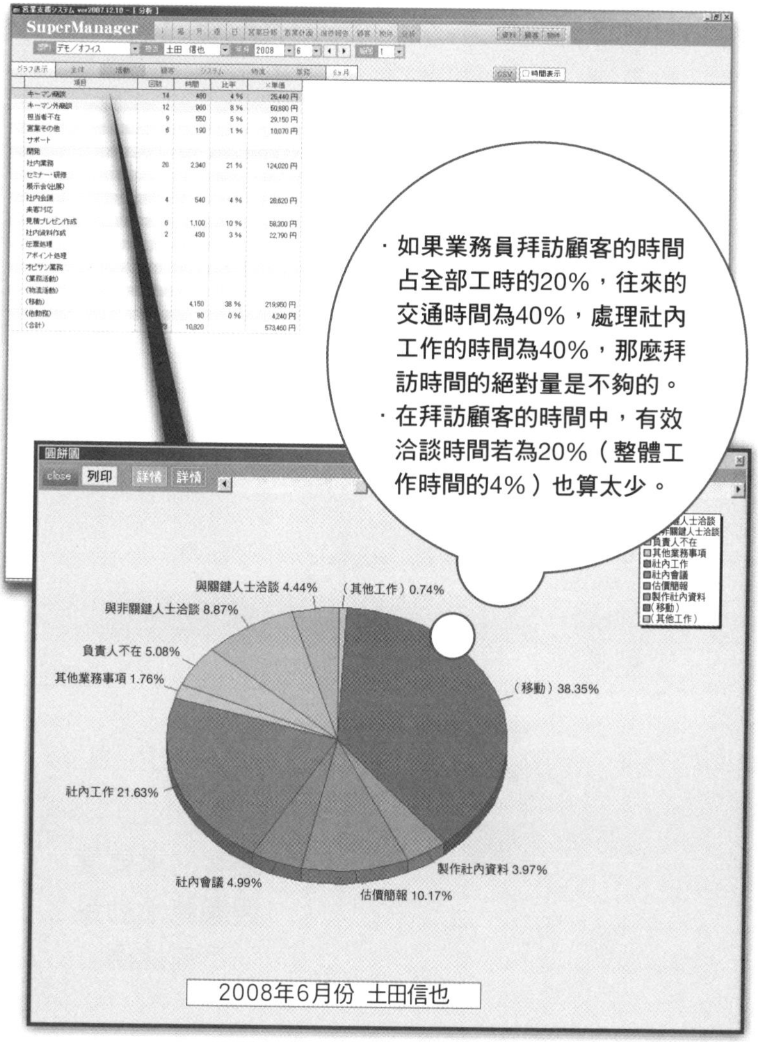
SuperManager
．如果業務員拜訪顧客的時間占全部工時的20%，往來的交通時間為40%，處理社內工作的時間為40%，那麼拜訪時間的絕對量是不夠的。
．在拜訪顧客的時間中，有效洽談時間若為20%（整體工作時間的4%）也算太少。
圓餅圖
close
列印
詳情
詳情
與關鍵人士洽談 4.44%
（其他工作）0.74%
與非關鍵人士洽談 8.87%
負責人不在 5.08%
其他業務事項 1.76%
（移動）38.35%
社內工作 21.63%
製作社內資料 3.97%
社內會議 4.99%
估價簡報 10.17%
負責人不在
其他業務事項
社內工作
社內會議
估價簡報
製作社內資料
（移動）
（其他工作）
2008年6月份 土田信也

業務員的活動分析（例）

3.活動分析② 顧客的類別

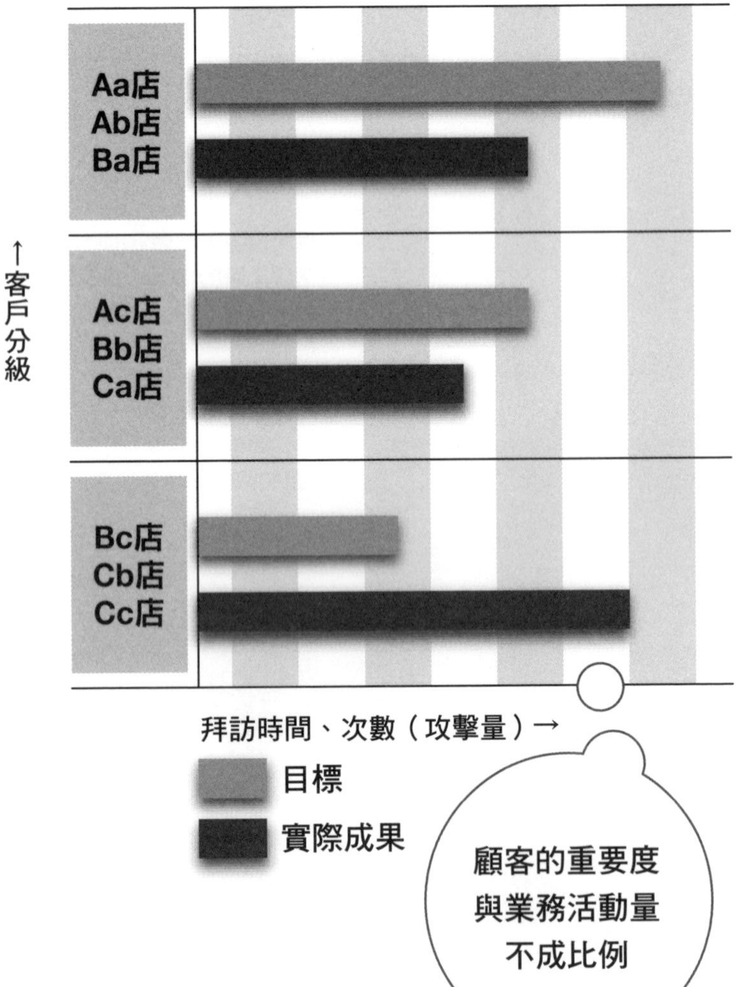

↑客戶分級
Aa店
Ab店
Ba店
Ac店
Bb店
Ca店
Bc店
Cb店
Cc店
拜訪時間、次數（攻擊量）→
目標
實際成果
顧客的重要度
與業務活動量
不成比例

※辦公室自動化設備經銷商的實例
使用業務支援系統「SuperManager」所做的分析（由OBISAN公司提供）
http://www.obisan. co.jp/netoffice/img/SuperManager.pdf

如果太少，就是大顧客數量太少。雖然公司的生產力會因為業務對象減少而提高，但對於大顧客的依存度高也代表業務不穩定。只要一家顧客出問題，公司的市占率就會大幅減少。公司太過依賴單一顧客，會變成像是「承包商」一般，繼而影響到經營的自由度。

A類的家數多，指的是大顧客數量多。換個角度說，就是每家顧客的需求都沒那麼大，因此公司對各顧客的依存度會降低。只是，每家需求都不大，意謂著就算花費時間與精力，生產力也不會提升。A類的家數太多或太少都不好，A：B：C相當於1：2：2的比例既是平均值，也最理想。

接著，算出每個顧客對各業者的採購比例，將顧客區分為abc三類。所謂的a類顧客，就是自己公司為其第一強的供應商，也就是屬於公司的地盤，自家公司在該顧客的錢包占有率為第一名，而且把第二名排除在射程範圍外。

所謂的射程距離，如果是單一品項，要拉到第二名的3倍，如果是多產品線，總計來看要拉到$\sqrt{3}$倍〔幸運藥品視之為單一品項，以3倍計算（一五〇頁、一五一頁）〕。

所謂的c類顧客，就是在該顧客的採購比例中，其他公司為第一強，因此是其他公司的地盤。所謂的b類顧客，就是既非a類也不是c類的交易對象。沒有生意往來的話，就是d類。a類與c類的顧客，公司可視為在該戰場的作戰已經結束，a代表獲勝，c代表敗北，b是正在交戰中，d是尚未開始作戰。

將顧客的需求規模ABC，與顧客錢包占有率abcd這兩個層面綜合分析，就是將客戶策略性分級的蘭徹斯特式ABC分析。

很多公司都會以自己社內的顧客營收額高低做ABC分析，但是缺少顧客的需求規模，以及公司與競爭對手間的力量強弱關係，很難擬定策略。因此，我強烈建議，要透過地毯式調查等方式，實施蘭徹斯特式的ABC分析。

不過，如果急於為客戶分級，也可以實施簡易版的分類，像是把營收額排名或是推估錢包占有率的第一名當成a，推估的第二、三名當成b，第四名以下當成c。先試著將客戶分級看看很重要。

如果公司的產品或服務不屬於定期推銷的方式，像是第一章的改建公司，則可以改採工程次數、金額、興建年數、地區等層面區分。辦公設備或工廠設備等產品有其換購周期，因此可以用購買時間、購買規模、競爭狀況等層面區分。零售店或店鋪型服務業的話，則以RFM分析法評等。所謂的R（Recency）是最終購買日，F（Frequency）是累積使用次數，M（Monetary）是累積利用金額。對於美容院等客戶會一再消費的產業，這種分析方式特別管用。

評等完成後，請和公司目前為止對各客戶的業務活動量（每月當面洽談次數等等）比較看看。應該會和本章故事中的門倉所長一樣，從中發現令自己驚訝不已的事實吧。

如果幾乎將業務活動量或訪問周期，交由業務員自己決定，業務員就會在全無罪惡感下，去找容易經營的客戶，避開不易經營的對象。這就是人性。

如果要讓業務員在該去的時間，以該去的次數與頻率拜訪該經營的對象，就必須先決定好標準值，否則很難管理。

除了次數外，業務活動的基本方針也要視顧客評等的不同而調整。若是b類或c類公司，固然非得進攻不可，但屬於自己地盤的a類，就要協助顧客擴大規模，活化其需求，以促成公司增加營收。業務活動的強度與方針就是如此決定的。

一講到要管理業務活動的強度與方針，會讓人覺得好像在監視業務員一樣。而且，應該會有許多業務員覺得，要在系統中輸入這些有關管理的資訊，是一種負擔。

可是，與其將這些事視為管理業務活動，不如看成是協助業務活動達到最佳化。重點不是要看業務員有無打混摸魚，而是要看業務活動是否適時適量、在強度與速度上是否贏過競爭者。因此，客戶及競爭者的資訊不可或缺。

所以，這些系統的關鍵不在於報告內容，而在於當面洽談的結果，以及接下來要如何行動的計畫。活用這類系統的目的，不是想監視業務員，而是為了「**即時將客戶可視化**」。

步驟六 設定提升市占率的目標及構思策略（活用鋪貨率、Ａａ店率、結構占有

一個區域內共有幾家商店？其中有多少家銷售自己公司的產品？這稱之為**鋪貨率**（又稱交易店率）。公司產品在各商店的占有率為多少%？這稱之為**內部占有率**（也稱錢包占有率、店內占有率）。

只要提高鋪貨率與內部占有率，市占率必定提升。不過，就算提高需求較小的顧客的內部占有率，對整體占有率的提升效果依然有限。

根據統計，需求最大的前20%顧客，就占了整體需求的70%。集中火力取得大型顧客的內部占有率，才有效果。此外，在大型顧客中，有幾家的內部占有率是由自己公司遙遙領先（也就是屬於自己地盤的店）？這就是Ａａ店率。

鋪貨率與Ａａ店率都很重要。強者的鋪貨率比較重要，弱者的Ａａ店率比較重要。

鋪貨率就算低，只要Ａａ店率高，還是可能成為第一名（強者）；但鋪貨率低的強者，由於對Ａａ店率的依賴度比較高，只能算是不穩定的強者。強者變成弱者時，也就是鋪貨率下跌時。因此，強者必須經常維持第一名的鋪貨率。

相對的，弱者一般來說兵力較少，要以較少兵力追求鋪貨率，只會分散力量，因此宜集中攻擊。

最有效的方式是，以單挑戰的方式攻占其中一家可望取得獨占地位的A類大型顧客，創造出Ａａ店。因為弱者的Ａａ店率很重要，只要有一家Ａａ店，就算是弱者也小覷不得。反之，缺少Ａａ店的弱者就算是第二名，也不足為懼。

不過，弱者的鋪貨率如果太低，在市場中會無足輕重。強者如果也提高鋪貨率，弱者會變成只剩下一些需求規模較低的店家，或是有授信問題的店家可以找。就算再提高鋪貨率，市占率也不會增加多少，因此應該朝創造Ａａ店的方向投注心力。

從這個角度看，市場處於成長期時，企業應該重視鋪貨率，成熟期起應該重視Ａａ店率。此外，一般來說，上游批發商（代理商）規模較大、數量較少，很容易攻占為地盤，但中游批發商（特約店）及零售商規模較小，數量較多，因此很難攻占為地盤。以製造商而言，重要的是能夠建立幾家Ａａ代理商，以及在Ａａ代理商經營的範圍內，能夠把特約店及零售店的鋪貨率提高到多少。

市占率又是如何決定的？以推動策略型的狀況來說，一開始是製造商出貨時的「生產階段占有率」，接著歷經批發時的「通路階段占有率」，才成為零售時的「市占率」。

通路階段占有率，取決於鋪貨率與內部占有率。代表內部占有率的判斷標準就是Ａａ店率。鋪貨率顯示的是量的結構，也就是市占率的廣度；Ａａ店率顯示的是質的結構，也就是市占率的深度。

通路階段的占有率「**結構占有率**」的概念，就是這樣推導出來的。

由於結構占有率取決於鋪貨率與Ａａ店率，因此只要提高這兩者，就能提高結構占有率，進而提高市占率。所以，為達成提升市占率的目標，可以根據結構占有率擬定具體策略。

以幸運藥品城南營業所為例，它負責的區域內有一百家醫院，目前已經和其中五十家交易，因此鋪貨率是50％；一百家中，需求較大的A類顧客有二十家，幸運藥品在其中兩家是第一強，因此Ａａ店率是10％。

將二者相加後除以2，也就是（鋪貨率50％＋Ａａ店率10％）÷2＝30％，即結構占有率，也相當於市占率。

由於城南營業所的目標，是把市占率由30％提高到35％，因此只要通路階段的占有率（結構占有率）提高到35％就行。可以提高10％的鋪貨率（＝多開發十家新顧客），也可以提高10％的Ａａ店率（＝增加兩家Ａａ店），或者是各提高5％（開發五家新顧客＋增加一家Ａａ店）。至於要採用何種方案，只要針對業務員與顧客挑選易於執行者即可。

此外，結構占有率真的會和市占率一致嗎？我想，很多人都抱持這樣的疑惑，這是很好的問題。正如這些人所想，實際上，結構占有率和市占率之間，會有落差。不過，請各位放心，無論二者是否有落差，一樣可以把結構占有率拿來應用。只要預先知道可能有落差，知道在落差真的出現時該如何調整就行了。

各公司進入市場後，都會逐步開發新顧客。隨著時間過去，各公司的鋪貨率也會上升。等到每家的鋪貨率都超過60％，市場就慢慢趨於成熟。基本上，各公司都會優先開發需求較大的顧客，而如果要把鋪貨率衝得更高，就會開始開發小型（需求規模屬於C類的）顧客。但就算開發了小型顧客，市占率也不會增加太多。在這種成熟市場中，與其提高鋪貨率，還不如提高Ａａ店率比較有效。因此，結構占有率與市占率之間會出現落差。

了解這樣的原因後，就可以調整結構占有率。

結構占有率＝（鋪貨率＋Ａａ店率）÷2，也就是鋪貨率×50％＋Ａａ率×50％，只要調整比例就能去除落差。

由於鋪貨率高到一個程度後，再提高鋪貨率也無法增加太多占有率，要靠Ａａ率決勝負，因此可以逐步把鋪貨率50％＋Ａａ店率50％，調整為「鋪貨率40％＋Ａａ店率60％」、「鋪貨率30％＋Ａａ店率70％」，提高Ａａ店率的比例，一直到近似於市占率為止。

調整的方法，可以參考本書一八〇頁的說明。假設調整為「鋪貨率40％＋Ａａ店率60％」，那麼在一百

結構占有率的調整

	市占率	鋪貨率	Aa店率	結構占有率	鋪貨率x40%	Aa店率x60%	調整後的結構占有率
A公司	33%	70%	10%	40%	28%	6%	34%
自家公司	27%	60%	5%	32.5%	24%	3%	27%
C公司	21%	55%	0%	27.5%	22%	0%	22%
D公司	19%	50%	0%	25.0%	20%	0%	20%

目標顧客100家、A類客戶為20家時

每開發1家新顧客，結構占有率會提升1／100×40%＝0.4%

每創造1家Aa店，結構占有率會提升　1／20　×60%＝　3%

※鋪貨率愈高，就算再往上拉，占有率的增長也很有限，因此將鋪貨率的比例往下調整，Aa店的比例往上調整。

公司若想超越A公司

具體策略1 創造3家Aa店，將結構占有率提高到36%

具體策略2 開發20家新顧客，將結構占有率提高到35%

具體策略3 開發2家Aa店與10家新顧客，將結構占有率提高到37%

可以有以上三種做法

※結構占有率是理論上的數值，原本就會有誤差，而且競爭對手也可能提高占有率，因此要把結構占有率的目標訂得比實際目標高一些。

家顧客中，開發一家新顧客的效果是「１／１００家×40％＝０．４％」，也就是提高０．４％的占有率。在Ａ類的二十家中多增加一間Ａａ店的效果，是「１／20家×60％＝３％」，也就是提高３％的占有率。根據這樣的計算，可以算出需要多少家店才能達成提高占有率的目標。這稱之為**「結構占有率的調整」**。

就像這樣，要先決定提高多少占有率，以及相對應的重點攻略目標（Ａａ店對象，新顧客等），再擬定具體策略。

此時有三點要注意：第一，請預測競爭者的做法。調整結構占有率時不能只看自己公司的策略，也要設想競爭者會怎麼做。競爭者的重點攻擊目標是可以猜想得到的，對於上方的競爭者會採差異化策略，對於下方的競爭者就採同質化策略。競爭者的做法，應該要在公司的具體策略中反映出來。

第二，要驗算。結構占有率頂多是理論上的數值，並非萬能特效藥，也會有誤差。所以要驗算看看，Ａａ店若增加二家，是否真的能達到目標占有率。

驗算後，有時候會發現不足之處，因此第三點就是據此再設定多個能超過結構占有率目標的目標數值。例如，市占率若以30％為目標，就設定能夠把結構占有率提高到35％左右的家數。這樣的話，達不到目標的可能性就會降低。

步驟七　策略實戰（業務員時間的最適分配）

根據結構占有率，可以擬定出達成提升市占率目標的具體策略，看是要開發新顧客、創造Ａａ店，或是雙管齊下。

再來，就要考慮具體的攻略容易度，以及競爭者（尤其是正上方與正下方的競爭者）的動向等因素，再選擇做法、決定具體對象。也要決定步驟五解說過的適切的攻擊量（洽談業務的頻率與時間）、攻擊方針（守勢、攻勢、培育顧客等）。

・蘭徹斯特第一法則（單挑戰）的結論

……戰鬥力＝武器效率×兵力數

・蘭徹斯特第二法則（機率戰）的結論

……戰鬥力＝武器效率×兵力數平方

要把這些結論應用到業務員的攻擊力上。

・業務員的攻擊力＝活動的質×活動的量

・業務團隊的攻擊力＝活動的質×活動的量的平方

這稱之為「**業務員攻擊力法則**」。

業務活動的質與量，決定了成果。若能發揮團隊力量，將可帶來乘數效果，因為量可以有平方的成效。這意謂著只要分攤任務、共享資訊與知識，以超出競爭者的洽談人數與洽談次數為之，就能大勝競爭者。

再怎麼厲害的業務員，如果只是單打獨鬥，就算把每個人的力量加起來，還是敵不過發揮團隊力量的組織。

由於勝負取決於量與質，二者都很重要。不過，如果一定要比較，還是應該更重視量，這一點在第八四、八五頁已經說明過。

那麼，量是什麼意思？可以用「**業務員攻擊量法則**」表現。

・業務員攻擊量＝平均洽談時間×洽談件數

每個案子的平均洽談時間，與洽談的件數或次數相乘，就是攻擊量。如果工作時間固定，洽談時間愈長，洽談件數與次數就會減少；洽談件數與次數增加，洽談時間就會減少，兩者此消彼長。

件數與時間，該如何衡量？若為小量而且接單頻率高的定期推銷通路，應該重視洽談的件數與次數，因為接觸頻率很重要。若為大量而且接單頻率低的案件型銷售，固然也不能忽視接觸頻率，但一定要確保足夠的洽談時間，案子才會有進展。

此外，蘭徹斯特策略固然重視量，但並不鼓勵長時間工作。它是一種在相同工作時間下提高附加價值的思維。

在這思維下，重視的是業務員是否在該去的時間與該去的頻率下，拜訪該經營的對象。因此，要根據顧客的策略性評等以及活動管理、顧客資訊的即時管理，將業務員的時間做最適切的分配。

接下來是質的部分，也就是業務活動的內容。如果去拜訪客戶卻沒有和關鍵人士洽談；如果洽談卻未能談及案子；如果談及案子但在內容上無法提高公司競爭力，這些狀況下，量再多也沒用。此外，重要的是在不增加工作時間下，增加對顧客的進攻時間。

目前，你們公司業務員的工作時間，有多少比例是花在與客戶洽談上？一般來說會在20％左右。日本的業務員平均來說，都把80％的工作時間花在社內業務或移動時間上。

如果能夠把洽談時間提高到工作時間的30％以上，就算不加班，攻擊量也會增加150％。因此，要把移動時間與處理社內業務的時間控制在低於60％的水準。

戰役5　重點整理

1 除了由庫普曼模型推導出的市占率三大目標值「73.9%上限目標值、41.7%安定目標值、26.1%下限目標值」外，又推導出四個目標值：「26.1×0.739＝19.3%上位目標值、26.1×0.417＝10.9%影響目標值、26.1×0.261＝6.8%存在目標值、6.8×0.417＝2.8%據點目標值」，把一共七個市場目標值體系化。這些目標值可以用來確認公司目前的位置，並可藉以設定短期、中期、長期目標。

2 應該瞄準的競爭者是「下方競爭者」。一方面是因為可以在易勝之處勝之，一方面也是因為只要從下方競爭者處奪取占有率，可創造雙倍差距。對上方競爭者則採取差異化策略，不全面與之開戰。

3 只要以敵軍的3倍兵力作戰，就毫無疑問可以獲勝。把這套3：1法則應用為市占率理論，可知在競爭策略上，敵我雙方的差距要拉開到多大，才是不會被逆轉的安全射程距離。在適用蘭徹斯特第一法則的顧客錢包占有率下要拉到3倍，除此之外則適用第二法則，在平方之後要成為3倍差距，因此回推就是$\sqrt{3}$倍（約1.7倍）的差距。

4 蘭徹斯特式的ABC分析指的是，根據地毯式調查或顧客資訊以評等顧客，在分析後決定提升市占率的目標、具體策略以及列為進攻對象的顧客。把依照顧客需求規模分類而得的A、B、C（大中小），和根據錢包占有率分類而得的abcd（強、普通、弱、未交易）組合起來，評等為12類。

5 鋪貨率＝交易顧客數／目標顧客總數×100

6 Aa店率＝Aa顧客數／A類顧客數×100

7 結構占有率＝（鋪貨率＋Aa店率）／2≒市占率

8 業務員攻擊力＝業務員活動的質×活動的量

業務團隊攻擊力＝業務員活動的質×活動的量的平方

9 業務員攻擊量＝平均洽談時間×洽談件數

特別附錄

蘭徹斯特策略

30個共通用語

❶蘭徹斯特策略

一套企業競爭中用以致勝的理論暨實務體系。它是由已故的企管顧問田岡信夫，根據以蘭徹斯特法則為首的庫普曼模型，以及田岡．斧田占有率理論等發展出來。自他在一九七二年發表《蘭徹斯特銷售策略》一書以來，許多企業都師法於此，將它納入公司策略中。

由於蘭徹斯特策略是把軍事理論「蘭徹斯特法則」視為策略思想，再活用到企業經營上，才因而有此名稱，但整個體系還是出自田岡信夫之手。如果稱之為「田岡理論」、「田岡式銷售策略」等，也並非誤解。它是日本所原創，算是日本競爭策略的聖經，其指導原理在於以市占率為判斷標準，依市場地位不同，採取不同作戰方式。

❷蘭徹斯特法則

英國航空工學工程師蘭徹斯特所發現的軍事理論。一九一六年，他寫了《戰爭中的航空器》（*Aircraft in Warfare*）一書，這個理論才得以普及。

他認為，武器與兵力數決定戰鬥力，以及對敵人造成的損害。在單挑戰適用的第一法則中，「戰鬥力＝武器效率（將敵方與我方的武器性能相比較、化為比率的結果）×兵力數」；在機率戰適用的第二法則中，「戰鬥力＝武器效率×兵力數的平方」。後來才把第一法則推導為弱者的策略，第二法則推導為強者的策略。

❸庫普曼模型

二次世界大戰時，美軍徵召了學者組成作戰研究班，從科學與數學角度研究戰爭。哥倫比亞大學數學教授庫普曼等人著眼於蘭徹斯特法則，並於研究後開發出一套軍事推演模型，稱為庫普曼模型。

該模型把戰力分為「戰術力」（直接戰鬥力）與「戰略力」（間接戰鬥力），也就是攻擊位於敵軍後方的敵國軍事基地、軍需工廠、物資與燃料的補給據點等，使敵軍難以繼續作戰。

該模型也以方程式顯示，當戰術力與戰略力之間的比例為1：2時，可以發揮最高戰力。

由於方程式是根據蘭徹斯特法則發展而來，因此又稱蘭徹斯特方程式，或是蘭徹斯特策略模型。但因為這樣會導致誤解，也有人以為它是蘭徹斯特第三法則，因此才稱之為庫普曼模型。

此外，運籌學在戰後成為一門從數學與統計學的角度做決策的學問，如今在產業界受到廣泛應用。

❹田岡・斧田占有率理論

田岡信夫與社會統計學家斧田太公望，在一九六二年解析庫普曼模型，所得出的市占率三大目標數值。它們分別是73・9%的上限目標值、41・7%的安定目標值，以及26・1%的下限目標值。雖然這些數值也有庫普曼目標值之稱，但發展出它們的是田岡與斧田二位學者，因此為避免誤解，就把這三大目標數值稱為「田岡・斧田占有率理論」。

在此一發現十年後，田岡老師累積了❷、❸、❹等研究後，發表了蘭徹斯特策略這個競爭策略理論與實務體系。此外，在二〇〇八年十一月二十四日召開的蘭徹斯特策略學會議程中，我整理並重新定義❶～❹這些共通用語，提出發表與報告。

❺弱者與強者

市占率第一的企業稱為強者，除此之外全都稱為弱者。但強者和弱者要依照不同競爭情境判斷，從商品、地區、通路、顧客等類別來看，各有不同的強者與弱者。

由於看的不是經營規模，因此大企業會有弱者，小企業也會有強者。之所以要按照不同情況判斷，是因為弱者和強者的策略有一百八十度差異。

❻弱者的策略

由蘭徹斯特第一法則「戰鬥力＝武器效率×兵力數」推導而得。要增加兵力數並不容易，但若能把有限的兵力集中，就能創造出兵力占優勢的狀況，這稱之為「單點集中主義」。提升武器效率則稱為「差異化」，它是弱者的基本策略。

除此之外，還有局部戰（限定區域或事業範疇）、近身戰（接近顧客的通路策略、業務活動）、單挑戰（競爭對手少的作戰）、聲東擊西法（攻敵之不備的奇襲戰法）等等。

❼差異化策略

弱者的基本策略。差異化是以行銷4P（Product＝產品、Price＝價格、Place＝通路、Promotion＝促銷）為基本考量。我認為可由以下八個角度切入，並建議以三個左右的角度訴諸顧客：

(1) 市場（①事業範疇，②客層）
(2) 產品、服務（①產品性能，②產品的銷售方式、用途、外觀，③服務）
(3) 價格
(4) 通路（銷售管道）
(5) 區域
(6) 促銷（①公關、資訊傳遞、品牌經營，②廣告、促銷活動）
(7) 業務經營（①業務經營方式，②顧客滿意，③解決方案）
(8) 理念。

❽強者的策略

由蘭徹斯特第二法則「戰鬥力＝武器效率×兵力數的平方」推導而得。強者的兵力數一旦變成平方，就遠勝過弱者，因此打的是活用整體力量的集團戰、組織戰。武器效率如果相同，兵力數就決定勝負，因此基本策略是封鎖弱者差異化的「同質化、模仿、跟進」策略。

除此之外，還包括廣域戰（擴大區域或事業範疇）、遠距戰（全面活用經銷商力量、藉由資訊的傳播促銷、知名度戰）、機率戰（集結公司力量、不讓弱者有見縫插針機會的完整產品線策略，集團內部相互競爭）、誘導戰（先下手為強的誘騙作戰）等策略。

❾市占率的七個象徵目標值

如果只看由庫普曼模型（❸）推導出來的田岡・斧田占有率理論（❹）所講的市占率三大目標值（73・9%的上限目標值、41・7%的安定目標值，以及26・1%的下限目標值），並不足以因應分散型市場。因此，之後又算出四個目標值，將總共七個市占率目標值體系化。這四個目標值分別是

26・1×0・739=19・3%（上位目標值）

26・1×0・417=10・9%（影響目標值）

26・1×0・261=6・8%（存在目標值）

6・8×0・417=2・8%（據點目標值）

這七個目標值可以用來確認公司目前的位置，再者，可當成建立短期、中期、長期目標的判斷標準。

40%是市占率目標的一大山頭，包括豐田汽車、日本人壽等多數企業，都意識到這一點。一旦市占率突破40%，多數狀況下，都能把第二名排除到射程距離以外。

❿射程距離理論

只要以敵軍的3倍兵力作戰，就毫無疑問可以獲勝。把這套3：1法則應用為市占率理論，可知在競爭策略上，敵我雙方的差距要拉開到多大，才是不會遭逆轉的安全射程距離。

在適用蘭徹斯特第一法則的狀況下，錢包占有率的差距要拉到3倍；除此之外則適用第二法則，在平方之後要成為3倍差距，因此回推就是$\sqrt{3}$倍（約1・

7倍）的差距。例如，第一名有50％的市占率，第二名有30％的市占率，這種5：3的差距，就是射程距離。

⓫市占率的類型與演進

根據各公司之間的市占率差距，區分為以下四種類型——

・分散型（第一名的市占率在26．1％以下，一、二名間與二、三名間等上下公司的差距在$\sqrt{3}$倍以內）

・三強型（前三名的市占率總計在73．9％以上，第一名少於二、三名的合計，一到三名的差距在$\sqrt{3}$倍以內）

・兩強型（第一、二名的市占率合計在73．9％以上，第一、二名間的差距在$\sqrt{3}$倍以內）

・獨勝型（第一名的市占率在41．7％以上，第一、二名的差距在$\sqrt{3}$倍以上）

隨著時間拉長，勝利組的成員數會減少，發展為大型業者寡占、弱小業者遭淘汰的情形。因此，只要知道目前的競爭類型，就能預測今後的發展傾向，再據此決定排名與市占率的目標。尤其重要的是對於競爭者的預設。要從哪個競爭者處奪取營收與顧客，會在⓮談及。

市占率之後的演進狀況，一般會呈現以下情形：第一名極大化，第二名逐漸下滑，第三名坐收漁翁之利、市占率微幅提升，第四名以下退出市場。這稱之為市占率的變動，也是證明第二名也算弱者的佐證之一。

⓬第一強主義

這是蘭徹斯特策略的結論。企業設定營業目標時，要力求成為「壓倒性勝過第二名的第一強」。不單單是第一名而已，而且要把第二名排除在射程距離外，遙遙領先。

根據射程距離理論，同一個顧客身上，強者在單一品項的「錢包占有率」，要有第二名的3倍以上，除此之外的狀況則要有第二名的$\sqrt{3}$倍（約1．7倍），才算是第一強。如果和第二名之間只有些許差距，仍稱不上是戰爭已結束的穩定狀態，因此只能算是第一名。身為第一名的強者為了打擊第二名、把對方排除在射程距離外，應該認真研究要以第一名的商品攻占哪個顧客。

至於第二名以下的弱者，要爭取的不是全面擴大，若為根基於地區的事業，就要研究應朝哪個顧客進攻，才能打造第一名區域，進而讓它成為第一強區域。

強者與弱者打造第一強的方式，有這樣的不同。

⑬單點集中主義

要成為第一強，就必須集中於一點。首先，是將事業領域與市場細分化，按照區域、顧客、通路、商品分門別類細分，決定重點市場，再投入經營資源。這樣的話，就能在該情況下建立兵力優勢。如果再藉由差異化提高武器效率，就能成為第一強。

接著，因為地位穩固、獲利性提高，也就有餘力規劃如何攻略下一個列為重點的市場，各個擊破。之後反覆這樣的過程，以成為整體第一強為目標。

蘭徹斯特策略並不是否定多角化經營或擴大經營規模，而是不贊成在仍是弱者時就擴大範疇。

⑭攻擊「下方競爭者」的原則

在瞄準對手攻擊時，應該瞄準誰？答案是，市占率比自己低一名的「下方競爭者」。要與上方競爭者全面對決，得等到市占率足以抗衡時，因此要先在易勝之處勝之。如果只求易勝，找比自己弱很多的企業固然更容易，但原則上還是要以正下方的競爭者為攻擊目標。

因為，只要奪取對方的營收，自己不但可以增加一些市占率，對方也會減少同等市占率，雙方間的地位關係會趨於穩定。

在單挑戰時，自己若是相對的強者，就要以強者的同質化策略封鎖對方的差異化。對於自己正上方的「上方競爭者」，則要將它列為競爭目標，應避免全面對決，改採差異化策略。自己若為第一名，就要攻擊正下方的敵手，擴大差距，力求成為第一強。

第一強主義、單點集中主義，以及攻擊「下方競爭者」的原則，是蘭徹斯特策略的三項結論。

⑮剪刀石頭布理論

產品像人一樣有壽命，從它問世到消失為止的期間，稱為生命周期。一般來說，分為導入期、成長期、成熟期、飽和期、衰退期五個區間，每一期都必須調整策略。在蘭徹斯特策略中，是以猜拳的手勢來比喻，依照不同市場時期建議不同作戰方式。

導入期是採取「石頭」策略，好像用握住的拳頭銳利地往前揮出一樣進入市場。就算是大企業、就算在本業是強者，面對新領域，原則上都要以弱者策略進入。若有其他公司進入，使競爭正式展開的話，市場就步入成長期。

成長期就像賽跑一樣，快的人贏，也是注重體力的布陣交戰。此時的做法，必須像是大大地張開手掌，把市場整個包住一樣才行，因此是「布」的策略。

由於必須擴大商品線、銷售通路與顧客層，原則上要以強者型的策略作戰。在這個階段，如果先發企業仍採弱者策略，會被後發的強者趕過。

成長率一旦遲緩，就算仍有成長也是步入成熟期，必須轉換策略，集中在能致勝的範疇上。此時必須追求生產力，就像用剪刀把原本全面張開的戰線剪掉一樣，因此是「剪刀」的策略。此時是在幾無成長的市場中你爭我奪，因此會成為零和遊戲的勝負式競爭。

就像這樣，蘭徹斯特策略是以成熟期的剪刀戰法為前提，但對於導入期、成長期，就分別運用石頭與布的策略。

⑯蘭徹斯特策略的實戰體系

用以實現蘭徹斯特策略的目的「提高市占率」的一套流程。由於它是以一般商業公司，尤其是定期推銷型的通路為標準建立起來的體系，所以還是要依產業性質的不同加以應用。這套流程包括：

(1)商圈分析
(2)製作策略地圖
(3)將地區細分化之後，決定重點區域
(4)地毯式查訪
(5)蘭徹斯特式ABC分析
(6)設定提升市占率的目標以及構思策略
(7)策略實戰

⑰區域策略的基本方針，與重點區塊的選定標準

細分區域，設定其中的重點區塊，然後進攻到成為第一強（原則上就是成為與第二名拉開$\sqrt{3}$倍的第一名）為止。成為第一強後，再設定下一個第一強區塊，發動攻勢。在持續各個擊破後，成為整個區域的第一強。至於重點區塊的選定標準，弱者要選易勝的區塊，強者要選有市場性的區塊。

同樣是弱者，如果公司的市占率極低，第一名在自己射程範圍以外，就要鎖定點狀的區域，以及死角與盲點。如果第一名在自己射程範圍以內，就選擇也考量到市場性的線狀區域，以三點攻略法等方式作戰。成為第一名（強者）後，就把重點放在面狀的、市場規模較大、成長性較高、較具代表性的區域。成為第一強後，應該就幾乎掌控所有區域了，因此再逐步補強較弱的區域。

⑱市場結構

觀察一個地區時，不要光以量化的角度觀察，也要從地形、歷史、當地民情等質化的角度觀察。其中，以點、線、面的結構區分商圈範圍的市場結構，以及將當地民情（居民特質）以內向、外向區分的市場體

質，都很重要。

所謂的點，就是盆地、島嶼、半島這種與其他地區分隔開來的狹小商圈。線，就是主要幹道與航路、鐵路沿線這種與其他地區連結的線狀商圈。所謂的面，是指大都會、平原地區這種呈面狀的連動商圈。弱者原則上要以「點↓線↓面」的順序攻略，強者要重視面。

⑲市場體質

內向的市場體質，是指舊市區與農村等居民多為土生土長的地區，屬於居民進出較少的封閉型區域。外向的市場體質，是指港口都市、工業區、新興住宅區等居民進出較多的開放型區域。內向的市場體質較為排他，難以進入。不過，一旦成功進入、在當地受到認同後，市占率就會集中而穩定。外向的市場體質較為開放，很容易進入，但也會因此不斷出現進入市場的新玩家，市占率容易分散而不穩定。

一般來說，外向體質的地區有較大的市場規模與成長性，較適合強者經營。此外，也因為容易流於靠體力決勝負的消耗戰，所以，弱者較不適合經營外向體質的地區，應該鎖定內向體質的地區。

⑳三點攻略法

這是一種攻下特定地區的技巧，在弱者攻占面狀區域時尤其有效。面對一個市場需求龐大的區域，無足輕重的弱者就算猛然進攻，也會捲入消耗戰而難以攻占。因此，要從周邊開始進攻。

先設定第一個點（重點區塊），進攻到成為第一強為止。再設定第二個點進攻，接著把第一與第二個點連成線狀，讓它成為自己的地盤，並設定第三個點進攻，把第二與第三個點以及第三與第一個點之間也連成線狀，納為地盤。這麼一來，這三個點之間的線就構成了面。最後，再從三方進攻需求最大的區塊，完成該地區的整體攻略。這是一種把作戰時的地區攻略法拿來應用的進攻方式。

㉑地毯式查訪

訪談重點區域內所有顧客（包括沒有往來過的對象），正確而詳細地掌握銷售區域與顧客的真實狀況。這樣的市場總檢視，用意在於決定提高市占率的具體策略，以及找出要攻下的目標顧客。因此要調查各顧客的需求，以及公司與競爭業者的市占率，屬於一種銷售前的顧客管理活動。

所謂的查訪，是要以調查為名訪談對方，藉以淡化推銷的感覺，而這也是成功銷售的秘訣。若為店鋪型事業，可透過分析既有顧客、調查來店顧客的方式，為不同區域與顧客評等。

㉒蘭徹斯特式ABC分析

根據地毯式查訪或顧客資訊將顧客評等，在分析後決定提高市占率的目標及具體策略，以及要列為進攻對象的目標顧客。常見的ABC分析，可能是依照各顧客在社內的營收排名，但蘭徹斯特式的ABC分析，是依照顧客的需求規模將顧客分為ABC（大、中、小）三種類別，並根據錢包占有率分類為abcd（強、普通、弱、未交易）四種類別，再互相組合，將顧客評等為12類。

A類是總需求最高，但累計起來百分比未滿70%的顧客，B類是總需求從70%以上到未滿95%的顧客，C類是剩下的所有顧客。a類顧客是公司為對方的第一強供應商（以單項產品來說，是第二名的3倍），也就是屬於公司地盤的顧客；b類是任一公司都不是第一強的供應商；c類是其他公司為第一強的供應商，也就是屬於其他公司地盤的顧客；d類是沒有生意往來的對象。根據這樣的分析，再進行㉓、㉔、㉕、㉖的活動，繼而決定提高市占率的目標、具體策略、目標顧客，以及行動計畫。

㉓顧客的策略性評等

根據ＡＢＣ分析所得的評等結果，決定攻擊方針與攻擊量。最重要的顧客是Ａａ類，這是應該守住的對象。重要性次之的是可望成為Ａａ類的顧客，短期而言，可由Ａｂ類的第一名等開始挑選。

Ａｂ、Ａｃ、Ｂｂ是進攻目標，而公司已是第一強供應商的Ｂａ、Ｃａ，則可以透過協助顧客壯大的方式培育他們，並在Ｂａ類顧客中挑選在中期培養為Ａａ類顧客的對象。

Ａｄ與Ｂｄ類顧客中排名較高者，可選定為要新開發的目標顧客，其他的就順其自然。Ｃｃ類應該要使之淡出。

至於攻擊量則如下所示：

重要的Ａａ、Ａｂ與Ｂａ類顧客為Ａ級，攻擊量平均來說要有長時間×高頻率；

中等的Ａｃ、Ｂｂ與Ｃａ類顧客為Ｂ級，攻擊量為中時間×中頻率。

來自Ａｄ、Ｂｄ類顧客中排名較高的待開發新對象，固然要看重要度來判斷，但一般都屬於Ｂ級（Ｂｄ類中排名較差者與Ｃｄ類顧客，原則上不列為新開發對象）。

不重要的Ｂｃ、Ｃｂ、Ｃｃ類顧客屬於Ｃ級，攻擊量為短時間×低頻率。

㉔鋪貨率

鋪貨率＝交易顧客數／目標顧客數×１００。在交易顧客中，最近比較沒有生意往來的，或是錢包占有率不到５％的，一般都不包括在交易顧客中。鋪貨率呈現的是市占率的「量的結構」，對於在成長市場中地位重要的強者而言，它是重要的判斷標準，又稱交易店率。

㉕Ａａ店率

Ａａ店率＝Ａａ顧客數／Ａ類顧客數×１００。所謂的Ａ類顧客就是指Ａａ、Ａｂ、Ａｃ以及Ａｄ，占需求的70％。所謂的Ａａ是在Ａ類中，公司是其第一強供應商的顧客。在Ａ類顧客中，Ａａ顧客所占的比率，稱為Ａａ店率。它呈現的是市占率的「質的結構」。對於在成熟市場中地位重要的弱者而言，它是重要的判斷標準。

㉖結構占有率

結構占有率＝（鋪貨率＋Ａａ店率）／2≒市占率。它是決定市占率的「通路階段占有率」。鋪貨率可以顯示占有率在流通階段量的結構，Ａａ店率可以顯示質的結構，把二者加起來除以2，將會近似於市占率，因此可活用於提升市占率的策略中。

提升占有率所需要的鋪貨率，就是必須開發的新顧客家數，Ａａ店率就是要創造的Ａａ店數目，因此可用來擬定出列有目標數值與顧客名稱在內的具體策略做法。

㉗業務員攻擊力法則

業務員的攻擊力＝業務活動的質×活動的量。洽談生意時，成敗取決於洽談內容、技巧、資訊、動機等質的面向，以及拜訪次數與頻率、停留時間等量的面向。如果打的是團體業務戰，會變成「業務團隊的攻擊力＝業務員活動的質×活動的量的平方」。

在單挑戰的情形下，業務員的業績適用蘭徹斯特第一法則；若為業務團隊的集團戰型，就適用蘭徹斯特第二法則。若以團隊形式共享資訊、彼此交換技巧、分擔任務、相互切磋琢磨，將可提高乘數效果，使力量成為平方。因此，推動團隊合作很重要。

質固然重要，量更為重要，量也是促使質提高的捷徑。此外，質的管理不容易，量的管理卻很簡單。雖然蘭徹斯特重視的是量，不過並不鼓勵長時間工作。量的提升可以採取如㉘的方式。

㉘業務員攻擊量法則

業務員攻擊量＝平均洽談時間×洽談件數（頻率）。時間顯示的是質的面向，次數顯示的是量的面向。若屬於定期推銷的方式，就要格外重視次數與頻率。對於重點顧客，拜訪次數不能少於競爭者。

㉙候補新顧客的選定標準

公司若為弱者，選擇候補新顧客的標準應該採單挑戰的方式，鎖定只向一家公司進貨的顧客（稱為單一供應商顧客）。由於這樣的顧客是由一家業者獨占交易，很容易讓人以為沒有切入點，但事實上，只由一家業者獨占供應，是一種很不穩定的狀態，以下單者的角度而言，也會想試試其他供應商。

而且，在只有一家競爭者之下，不是贏就是輸，雙方五五波。只要能製造出與既有供應商的差異化，就有很大可能爭取到開始交易的機會。

若為強者，只要從需求較大的新顧客開始開發就行了。所謂的強者，就是當地業界的第一名，光是「第一名」就是很好的宣傳角度，以及用於說服新顧客的重點。在競爭者眾多的情形下就變成機率戰，有利強者。

㉚開發新顧客的四步接近法

開發新顧客時，要實施以下四個步驟：(1)接近，(2)傾聽，(3)簡報，(4)商定。如果每次洽談都完成一個步驟，在第四次洽談時就可以得知結果。如果不懂顧客需求，和顧客間也沒有互信關係，就算推銷，也很難簽定買賣契約，因此要按部就班推動。

此外，同樣是需求，如果只因應顧客清楚表達的顯著需求，無法滿足顧客。無法問出顧客潛在的真正需求，他們就不會滿足與信賴你，因此(2)傾聽是最重要的一個步驟。

後記

謝辭

蘭徹斯特策略是在昭和四十五年（一九七〇年），由已故的田岡信夫老師，根據蘭徹斯特的戰爭法則所推導出來的商業策略思想。老師一貫的主張是：「致勝之道有一定的規則，要從蘭徹斯特法則中學習其基本思想」。因此，老師視蘭徹斯特法則為所有策略哲學的核心，重視多角度的辯證式思考，以及知性的邏輯推展法，才建立起今天蘭徹斯特策略的整個體系。

我希望在撰寫本書時，向老師先驅性的成果致上敬意，並在此衷心表達感謝。

我繼承老師的意志，在推動蘭徹斯特策略普及啟蒙活動的非營利組織「蘭徹斯特協會」中，學到了這項策略，目前也擔任該協會的理事研修部長。該協會目前會舉辦每月一次、為期六個月的專門研究課程。這個講座能讓參加者學習蘭徹斯特策略的理論與實務體系，活用於企業策略上。課程內容由我負責，也由我擔任主任講師，細節請參考

http://www.sengoku.biz/semi.htm。

此外，我也在二〇〇八年成立的蘭徹斯特策略學會擔任常任幹事，從事研究活動。我自己則經營一家名為戰國行銷的顧問公司，主要著重於蘭徹斯特策略的教育訓練活動，以及基於該策略的諮詢活動。我要深深感謝在蘭徹斯特協會及蘭徹斯特策略學會中與我共同學習的各位朋友。

很不好意思，在此要提到一件我個人的私事。那就是在本書仍在企畫階段的二〇〇八年五月二十九日，家父福永三俊去世了，法名知恩院釋報德。

知恩報德——知道自己受到的恩惠，並回應它而生活。告訴我這句話的寺廟住持跟我說，這是親鸞聖人宗教哲學的核心概念。

葬禮過後，我回到工作上，開始構思本書登場人物

的個性及故事情節，但是想著想著，不知不覺又想起了父親……。

我想到父親去世半年前，最後一次來東京的事。他說想去柴又，也就是電影「男人真命苦」主角阿寅的故鄉，葛飾柴又的帝釋天。我雖然在東京住了二十多年，卻沒去過那裡，因此我和父母一起前往。我們到帝釋天參拜，享用艾草麻糬，也參觀了「阿寅紀念館」，阿寅演出的知名場景讓我們開懷大笑……。

父親為什麼喜歡阿寅呢？

阿寅這個人，表情嚴肅、嘴巴壞，動不動就和人吵架。可是，他卻深知弱者的悲哀與痛苦，對弱者很親切，愛護弱小，努力想讓他們幸福……。或許是因為，父親多少認同了我這個把「以小勝大、弱者逆轉勝」當成使命，同情弱者的企管顧問吧。他會不會是想告訴我：「你選擇的方向不壞，但做得還不夠。你要為世人多做一點事，要向阿寅看齊」呢？

那時，我靈光一閃，心想：好呀，就用「商業界的阿寅」這個角度來做這本書吧。就講一個像阿寅那樣嘴巴很壞、愛吵架，卻協助商業弱者的企管顧問的故事。因此，我才想出以蘭徹斯特酒吧這麼一個「商業人士趨之若鶩的寺廟」為舞台的故事。

主角是穿著女僕裝的女學生暨企管顧問小蘭，她的個性外冷內熱，表面上粗魯，內心卻很親切。她明明是個女僕，卻用「這位老兄」來稱呼客人，還會潑客人冷水、逼得對方喘不過氣來。雖然小蘭和阿寅外表上截然不同，但其實是同一類型的人。

為何小蘭如此了解弱者的悲哀？那是因為，她自己以前也是弱者。雖然到戰役5的故事結尾才首度提到這件事，但事實上小蘭過去曾是個受過店長幫助的弱者。就像她所說的，店長是她的救命恩人，以前她也曾像戰役1的佐藤改建公司的佐藤先生那樣，在經濟和精神上被逼得走投無路。在困境中，店長幫助了她，她才認識蘭徹斯特策略。於是，她愛上了蘭徹斯特策略，從店長那裡學到如何將這套策略教給他人。

就這樣，她成了蘭徹斯特策略的推廣師，也是店長的接班人，目前以拯救「商業弱者」為使命。

小蘭就是個「知恩報德」的人。

在小蘭講出決定性台詞時，總是會把手指比成L字形，各位注意到這一點嗎？這個L當然就是蘭徹斯特（Lanchester）的L，是戰爭的象徵。但於此同時，也是愛（Love）的L，是愛的象徵。這和戰國時代武將直江兼續，在頭盔前面以一個「愛」字做為裝飾，是同樣的道理。

這次，我會以漫畫形式呈現蘭徹斯特策略，構想來自「TREND-PRO」的社長岡崎充先生。這個專業公司是藉由漫畫，協助大眾輕鬆了解困難事物。二十多年前，岡崎先生曾經在自行車製造商從事業務企劃工作。據說，那家公司雖為大企業，市占率卻不是第一，因此為了讓弱者能存活，他曾經學習過蘭徹斯特策略並加以活用，也因而成了這個策略的信徒。他目前的工作是協助他人集中化、差異化、成為第一。

岡崎先生將蘭徹斯特策略簡約化的行動，引起了PHP研究所編輯木南勇二的興趣。此書原文書的編輯實務，由TREND-PRO的成員負責，把我的原著化為漫畫劇本的是川上徹也，而將之畫成好看漫畫的，是神崎真理子小姐。蘭徹斯特協會的田岡佳子理事長、竹端隆司副理事長，則給我內容方面的建議。此外，我的客戶則成為這五篇故事的主角。以上這些人士和我共同催生出這本書，我要在此謝謝他們。

我深知各位的恩惠，並透過策略協助商業弱者，以表達我的感謝。我就是以這樣的精神完成本書。如果此書能助諸位讀者的事業一臂之力，我也等於是積德。從今天起，父親的法名「知恩報德」就是我的座右銘。雙手合什。

二〇〇九年二月

福永雅文

蘭徹斯特策略

小克大、弱勝強，打敗大你 10 倍對手的終極武器

ランチェスター戦略

作　　者　福永雅文
繪　　者　神崎真理子
譯　　者　江裕真
主　　編　李映慧、郭峰吾（二版）

總 編 輯　李映慧
執 行 長　陳旭華（steve@bookrep.com.tw）

出　　版　大牌出版／遠足文化事業股份有限公司
發　　行　遠足文化事業股份有限公司（讀書共和國出版集團）
地　　址　23141 新北市新店區民權路 108-2 號 9 樓
電　　話　+886-2-2218-1417
郵撥帳號　19504465 遠足文化事業股份有限公司

封面設計　萬勝安
排　　版　藍天圖物宣字社
印　　製　成陽印刷股份有限公司
法律顧問　華洋法律事務所 蘇文生律師

定　　價　390 元
初　　版　2012 年 5 月
三　　版　2025 年 7 月

日文版書封設計：印牧真和

電子書 E-ISBN
9786267600962 (EPUB)
9786267600979 (PDF)

國家圖書館出版品預行編目（CIP）資料

蘭徹斯特策略：小克大、弱勝強，打敗大你 10 倍對手的終極武器／福永雅文著；神崎真理子繪；江裕真譯 . -- 三版 . -- 新北市：大牌出版 , 遠足文化事業股份有限公司 , 2025.07
208 面；14.8×21 公分
譯自：ランチェスター戦略
ISBN 978-626-7600-98-6（平裝）
1. CST：市場政策　2. CST：漫畫

496.4　　114008127